MINISTÈRE DE L'INTÉRIEUR.

COMMISSION DE LA CARTE GÉOLOGIQUE DE LA BELGIQUE.

DESCRIPTION

DE

GITES FOSSILIFÈRES DEVONIENS ET D'AFFLEUREMENTS

DU TERRAIN CRÉTACÉ,

PAR

le professeur C. MALAISE,

MEMBRE DE L'ACADÉMIE ROYALE DE BELGIQUE ET DE LA COMMISSION DE LA CARTE GÉOLOGIQUE.

BRUXELLES,

F. HAYEZ, IMPRIMEUR DE L'ACADÉMIE ROYALE DE BELGIQUE.

1879

Avril 1879,

AVANT-PROPOS.

Les indications que j'ai recueillies, depuis plus de vingt ans, relativement aux gisements fossilifères du terrain devonien, m'ont paru offrir un certain intérêt au point de vue de la nouvelle Carte géologique de la Belgique. J'ai donc cru utile de faire connaître divers renseignements relatifs à cent soixante-treize gîtes ou points fossilifères que j'ai relevés, d'une part, sur des feuilles minutes au 20,000e, déposées aux archives de la Commission de la Carte géologique et que j'ai indiqués, d'autre part, dans une carte d'ensemble au 160,000e, publiée par l'Institut cartographique militaire.

De ces cent soixante-treize points, qui se répartissent dans quatre-vingt-six localités, trois appartiennent aux schistes de Gedinne, un aux grès d'Anor, quatorze aux schistes, etc., de Houffalize, trois aux grès et schistes de Vireux, sept au poudingue de Burnot, huit aux schistes à *Spirifer cultrijugatus*, vingt-six aux schistes et calcaire à calcéoles, quinze au calcaire à strigocéphales, soixante-dix aux schistes et calcaires de Frasne, huit aux schistes à *Cardium palmatum*, treize aux schistes de Famenne et cinq aux psammites du Condroz.

Je suis loin d'avoir découvert tous les gîtes que je décris; mais je les ai tous visités et j'y ai recueilli des fossiles. Feu Le Hardy de Beaulieu, feu Lehon, MM. L. de Koninck, G. Dewalque, etc., etc., et surtout M. J. Gosselet, ont fait connaître plusieurs gisements, dont quelques-uns sont devenus classiques [1].

[1] Je dois ajouter que M. E. Van den Broeck m'a donné très-obligeamment les fossiles qu'il a recueillis aux environs de Couvin. Il a bien voulu mettre à ma disposition les renseignements qui concernent leurs gisements.

AVANT-PROPOS.

Mes premières recherches datent de l'année 1857, où, étudiant en sciences à l'Université de Liége, j'ai parcouru quelques parties de l'Ardenne et du Condroz, dans les excursions géologiques dirigées par M. le professeur G. Dewalque.

En 1861, le *Guide minéralogique et paléontologique dans le Hainaut et dans l'Entre-Sambre-et-Meuse,* de Ch. Le Hardy de Beaulieu, a fait connaître, au sujet des fossiles devoniens, des documents intéressants dont je me suis hâté de profiter.

Lors de la réunion de la Société géologique de France, en 1863, je visitai, sous l'habile direction de M. J. Gosselet, les environs de Givet et les gisements des bords de la Meuse, entre cette ville et Fépin.

Plus tard, les travaux de M. J. Gosselet sur le terrain devonien de la Belgique et mes nombreuses excursions géologiques en compagnie du savant professeur de Lille, me fournirent l'occasion d'augmenter considérablement les renseignements que je possédais sur les gisements des fossiles devoniens.

L'examen des contacts du terrain cambrien de l'Ardenne, ou silurien à faune primordiale, avec le devonien et l'étude spéciale que j'ai faite des massifs siluriens du Brabant et de Sambre-et-Meuse, m'ont engagé à continuer ce genre de recherches.

C'est en raison de toutes ces circonstances que je suis parvenu à réunir des données d'une certaine précision sur un assez grand nombre de gisements fossilifères du terrain devonien inférieur, moyen et supérieur.

J'ai essayé de mettre la plus grande exactitude dans l'indication des gîtes, sachant par expérience combien les renseignements vagues et incomplets font perdre de temps à celui qui veut les retrouver et les étudier.

J'ai suivi dans la description l'ordre stratigraphique, en commençant par les couches les plus anciennes.

Une table renseigne les localités par ordre alphabétique; les numéros des gisements y sont indiqués dans des colonnes, suivant l'ordre stratigraphique.

Les distances, à moins d'indications contraires, sont comptées à partir de l'église de la localité.

DESCRIPTION

DE

GÎTES FOSSILIFÈRES DEVONIENS.

CONSIDÉRATIONS GÉNÉRALES.

Les formations géologiques de la Belgique rapportées actuellement au terrain devonien, ont été désignées sous les noms de *terrains ardoisier, bituminifère* et *anthraxifère* par d'Omalius d'Halloy.

André Dumont les comprit dans une partie de ses terrains rhénan et anthraxifère. En effet, les systèmes gedinnien, coblentzien et ahrien sont du devonien inférieur, ainsi qu'une partie des massifs de Dour et de Sambre-et-Meuse. La partie inférieure de l'eifelien quartzo-schisteux du terrain anthraxifère est du devonien inférieur. La partie supérieure, comprenant les schistes et les calcaires à calcéoles, est, pour beaucoup de géologues, du devonien moyen. L'eifelien calcareux, en tant que calcaire de Givet ou à strigocéphales, est égalcment du devonien moyen. Le devonien supérieur comprend les schistes et calcaires de Frasne, les schistes à *Cardium palmatum*, les schistes de Famenne et les psammites du Condroz. Les calcaires de Frasne, qui nous fournissent de si beaux marbres, constituaient, pour Dumont, l'eifelien calcareux avec le calcaire de Givet, lorsqu'ils n'étaient pas séparés de celui-ci par des schistes. Lorsque, au contraire, ils étaient subordonnés à des schistes, ils se trouvaient dans son système condrusien, constituant avec les schistes à *Cardium palmatum* et les schistes de Famenne la partie schisteuse de son condrusien quartzo-schisteux.

Le terrain devonien commence en Belgique par un conglomérat poudingiforme, connu sous le nom de *poudingue de Fépin*; il est terminé à la partie supérieure par des roches quartzeuses, connues sous le nom de *psammites du Condroz*.

Aucun travail d'ensemble n'a été publié jusqu'à présent sur les fossiles du terrain devonien de la Belgique. On a cependant décrit quelques fossiles appartenant à certains groupes de ce terrain ou à ce terrain en général. En consultant les *Bulletins* et les *Mémoires* de l'Académie royale de Belgique, des Sociétés géologiques de Belgique, de France, du Nord de la France, de la Société malacologique de Belgique, de la Société Linnéenne de Bruxelles, etc., etc., on trouve soit des descriptions de fossiles devoniens, soit diverses indications relatives à des gisements de ces fossiles. Quelques publications, faites d'une façon indépendante de toute société scientifique par MM. G. Dewalque, J. Gosselet, M. Mourlon, d'Omalius d'Halloy, etc., se trouvent dans les mêmes conditions. Des listes de fossiles devoniens, publiées dans les ouvrages précités, ont été fournies, en grande partie, par M. le professeur de Koninck.

Quoique de nombreuses monographies se rapportent à la description des fossiles devoniens, la détermination de ceux-ci n'est pas chose des plus faciles.

Chaque géologue, suivant le pays qu'il habite et les ouvrages qu'il consulte, se fait un vocable paléontologique spécial et emploie plus particulièrement tel nom pour désigner un fossile qu'un autre géologue désignera par une autre dénomination. La même espèce est souvent connue sous plusieurs noms et les divers géologues emploient chacun de préférence un de ces synonymes.

La classification de Dumont, qui a si longtemps prédominé en Belgique, comprend les divisions suivantes correspondantes au terrain devonien :

Terrain anthraxifère.	Système condrusien.	Quartzo-schisteux.	C^2. Psammite grisâtre, macigno, anthracite.
			C^1. Schiste grisâtre, calschiste, calcaire, oligiste oolitique.
	Système eifelien.	Calcareux.	E^3. Calcaire et dolomie.
		Quartzo-schisteux.	E^2. Schiste gris fossilifère, calschiste et calcaire argileux, oligiste oolitique.
			E^1. Poudingue, psammite et schiste rouge.
Terrain rhénan.	Système ahrien		A. Grès, psammites et schistes gris bleuâtres.
	Système coblentzien. .		Cb. Grès et phyllades gris bleuâtres.
	Système gedinnien. . .		G. Poudingues, grès verts et phyllades rouges, verts ou aimantifères.

Tous les géologues qui ont publié des descriptions géologiques de la Belgique, ont donné des classifications qui se rapprochent beaucoup de celle de Dumont. Telles sont celles du *Prodrome d'une description géologique de la Belgique* de M. le professeur G. Dewalque, et de l'article Géologie de M. M. Mourlon dans *Patria Belgica.*

D'Omalius d'Halloy, qui pouvait à juste titre revendiquer la paternité du terrain anthraxifère, a fini par adopter le mot de terrain devonien. Cet illustre géologue s'est toujours plu à mettre ses ouvrages au courant de la science et à y introduire les divisions nouvelles.

M. le professeur L. de Koninck a adopté la classification des terrains primaires proposée par les géologues anglais. Il a donné dans la première édition du *Siluria* de sir Roderick Murchison, la classification suivante du terrain devonien de la Belgique :

SILURIEN INFÉRIEUR,		comprenant le terrain ardennais de Dumont et même le système gedinnien.
DEVONIEN	INFÉRIEUR.	Quartzites et conglomérats avec *Orthis.* Schistes avec *Spirifer macropterus*, *Sp. cultrijugatus* (coblentzien et ahrien de Dumont).
	MOYEN.	Poudingue de Burnot. Calcaire avec fossiles de l'Eifel. Lits minces de calcaire avec *Calceola sandalina.* Calcaire à strigocéphales.
	SUPÉRIEUR.	Schistes calcaires avec nodules, *Clymenies, Goniatites, Receptaculites,* etc. Schistes brunâtres alternant avec des bancs de calcaire et de dolomie, *Spirifer Verneuili* (Rhisne, Huy, Chaudfontaine, Philippeville).

M. le professeur J. Gosselet est, jusqu'à présent, le géologue qui a le mieux étudié le terrain devonien de la Belgique. Il est parvenu à y établir de nouvelles subdivisions auxquelles il a parfois imposé des noms. Quant aux appellations données par les géologues qui l'ont précédé dans l'étude de ce terrain, il a indiqué leur niveau exact et il a augmenté considérablement le cadre des observations qui avaient été faites à leur sujet.

En 1860, dans son remarquable *Mémoire sur les terrains primaires de la Belgique, etc.*, il divisa le terrain devonien en sept étages :

DEVONIEN INFÉRIEUR.	1° Poudingue et schistes gedinniens;
	2° Grauwacke à *Leptæna Murchisoni* (coblentzien);
	3° Poudingue de Burnot (comprenant l'ahrien de Dumont);
	4° Schistes à calcéoles;
DEVONIEN MOYEN . .	5° Calcaire de Givet;
DEVONIEN SUPÉRIEUR.	6° Schistes de Famenne (comprenant les couches à *Terebratula cuboides*);
	7° Psammites de Condroz.

M. Gosselet réunit dans cette classification l'étage ahrien à celui de Burnot; les schistes à *Spirifer cultrijugatus* à ceux à *Sp. speciosus* et à *Calceola sandalina*.

Les schistes de Famenne sont divisés en trois assises :

1° Les couches à *Terebratula cuboides;*
2° Les schistes à *Cardium palmatum;*
3° Les schistes de Famenne.

Il a réuni aux psammites du Condroz le calcaire d'Étrœungt, les schistes d'Amay et les calcaires de Bovesse et de Rhisne.

M. Gosselet a apporté depuis lors un certain nombre de modifications à cette classification.

Dans son *Esquisse géologique du département du Nord et des contrées voisines* (1), il adopte les divisions suivantes pour les diverses bandes qui forment les quatre rivages des deux bassins du Sud ou de Dinant et du Nord ou de Namur :

Bassin de Dinant, rivage méridional.

DEVONIEN INFÉRIEUR.

1re ASSISE :	1° Poudingue de Fépin.
Les schistes de Gedinne.	2° Arkose de Weismes.
	3° Schistes fossilifères de Mondrepuits.
	4° Schistes bigarrés d'Oignies.

(1) *Bulletin scientifique du département du Nord et des pays voisins, etc.* Lille, 3e année, 1871.

2me ASSISE : *La Grauwacke.*

1° Grès d'Anor.
2° Grauwacke de Montigny (Grauwacke inférieure).
3° Grès noir de Vireux.
4° Schistes rouges de Vireux.
5° Grauwacke de Hierges (Grauwacke supérieure).

3me ASSISE : *Les schistes à calcéoles.* Schistes et calcaire de Couvin.

DEVONIEN MOYEN.

1re ASSISE : Le calcaire de Givet.

DEVONIEN SUPÉRIEUR.

1re ASSISE : *Les schistes de Famenne.*

1re zone. Schistes et calcaires de Frasne.
2me » Schistes de Matagne à *Cardium palmatum.*
3me » Schistes de Famenne.

La zone des schistes et calcaires de Frasne comprend quatre niveaux :

1° Niveau des monstres à *Spirifer Orbelianus;*
2° Schistes à *Receptaculites Neptuni* et à *Rhynchonella cuboides;*
3° Calcaires peu riche en fossiles.
4° Schistes à nodules argilo-calcaires, avec marbres gris et rouges.

2e ASSISE : *Les Psammites du Condroz.*

1re zone : Psammites proprement dits.
2me zone : Calcaire d'Étrœungt.

Rivage septentrional.

DEVONIEN	INFÉRIEUR. . .	Poudingue de Burnot. Schistes et calcaire de Couvin [1].
	MOYEN . . .	Calcaire de Givet.
	SUPÉRIEUR. . .	Schistes de Famenne. Psammites du Condroz.

[1] En quelques points.

Bassin de Namur.

DEVONIEN MOYEN.

1re ASSISE : Le poudingue de Pairy-Bony et d'Horrues.
2me ASSISE : Le calcaire de Huy et d'Alvaux.

DEVONIEN SUPÉRIEUR.

Sur la côte du Brabant, on distingue cinq assises dans cet étage :

1re ASSISE : Grès et poudingue de Mazy ;
2me ASSISE : Schistes et dolomie de Bovesse ;
3me ASSISE : Calcaire de Rhisne, présentant trois niveaux :

a. Le calcaire noduleux de Rhisne.
b. Le marbre noir de Golzinne.
c. Le calcaire de Fanué.

4me ASSISE : Schistes des Isnes;
5me ASSISE : Psammites des Écaussinnes.

M. le professeur J. Gosselet a démontré (1) que le système du poudingue de Burno constituant le bord nord du bassin méridional, tel qu'on le voit entre Burnot et Dave, est contemporain de tout le terrain rhénan que coupe la Meuse entre Fépin et Vireux.

Le gedinnien y est représenté par :

1° Le poudingue d'Ombret, correspondant au poudingue de Fépin :
2° L'arkose de Dave correspondant à l'arkose de Weismes;
3° Les psammites et schistes compactes de Fooz, correspondant aux schistes fossilifères de Mondrepuits et aux schistes bigarrés d'Oignies;
4° Le taunusien y est représenté par le grès du bois d'Ausse, équivalent des grès d'Anor;

(1) *Le système du poudingue de Burnot,* ANNALES DES SCIENCES GÉOLOGIQUES, t. IV, art. n° 7. Paris, 1873.

5° et 6°. Les grès et les schistes rouges de Wépion, correspondant au hundsruckien et à l'ahrien, y représentent la grauwacke de Montigny et le grès noir de Vireux;

7° Il ne reste pour l'étage de Burnot que les schistes et grès rouges de Burnot analogues aux schistes et grès rouges de Vireux; et le poudingue de Burnot, équivalent du poudingue de Wéris;

8° Enfin la grauwacke rouge de Rouillon représente la grauwacke rouge de Hierges.

Dans un autre travail traitant de la « *Carte géologique de la bande méridionale des calcaires devoniens de l'Entre-Sambre-et-Meuse* (1), » le savant professeur de géologie de Lille s'est spécialement occupé de l'étude des calcaires précités.

Les recherches de M. de Koninck et celles des frères Rœmer établirent que le calcaire eifelien de Dumont des environs de Couvin se compose de trois assises géologiques distinctes :

1° Le calcaire de Couvin ou calcaire à calcéoles;
2° Le calcaire de Givet ou calcaire à strigocéphales;
3° Le calcaire de Frasne ou calcaire à *Rhynchonella cuboides.*

Le calcaire de Givet présente trois niveaux que M. Gosselet caractérise par les espèces suivantes, à partir de la base :

1° *Spirifer subcuspidatus;*
2° *Strigocephalus Burtini;*
3° *Spirifer Verneuili.*

Les schistes et calcaires de Frasne, dit M. Gosselet, ne m'ont montré d'autres niveaux paléontologiques que le niveau à *Spirifer Orbelianus* et le niveau à *Receptaculites* à la base: le reste de la zone a une faune unique.

M. Gosselet (2) divise le condrusien quartzo-schisteux inférieur (C1) de Dumont en trois assises:

1° Les schistes de Frasne à *Rhynchonella cuboides;*
2° Les schistes de Matagne à *Cardium palmatum;*
3° Les schistes de Famenne à *Cyrtia Murchisoniana.*

(1) *Bulletins de l'Académie royale de Belgique*, 2e série, t. XXXVII, p. 81, 1874.

(2) *Quelques documents pour l'étude des schistes de Famenne*, ANNALES DE LA SOCIÉTÉ GÉOLOGIQUE DU NORD, t. IV, p. 303, Lille, 1877.

Peut-être, dit M. Gosselet, y a-t-il deux niveaux dans les schistes de Famenne caractérisés :

L'inférieur, par *Spirigera reticulata* abondant ;
Le supérieur, par *Rhynchonella Omaliusi*.

D'autre part, M. M. Mourlon (1) a divisé les psammites du Condroz en quatre assises :

I — Assise des psammites d'Esneux à crinoïdes.
II — Assise du macigno noduleux de Souverain-Pré.
III — Assise des psammites de Monfort à *Cucullæa Hardingii*.
IV — Assise des psammites et macigno d'Évieux à débris végétaux.

Il résulte des travaux dont je viens de faire l'énumération que la classification actuelle du terrain devonien de la Belgique peut être exprimée par le tableau ci-contre. C'est naturellement l'ordre que j'ai suivi dans le présent travail.

Ce tableau peut être considéré comme la légende de la carte au 160,000e annexée à ce mémoire. Les lettres grasses correspondent à celles qui se trouvent sur cette carte, généralement à droite des points fossilifères ; elles y indiquent le niveau stratigraphique où se rencontrent les fossiles (2).

(1) *Sur l'étage devonien des psammites du Condroz en Condroz*, Bulletins de l'Académie royale de Belgique, 2e série, t. XXXIX, p. 602. Bruxelles, 1875.

(2) Dans un récent travail : « *Description géologique du canton de Maubeuge*, » Annales de la Société géologique du Nord, t. VI, Lille, 1878-1879, p. 129, M. le professeur Gosselet revient à la nomenclature univoque admise par Dumont. Voici la manière dont il divise le terrain devonien dans le canton de Maubeuge (*Loc. cit.*, p. 130) :

DEVONIEN. . . .	SUPÉRIEUR. . . .	Famennien.
		Frasnien.
	MOYEN	Givétien.
	INFÉRIEUR. . . .	Eifelien.
		Coblentzien.
		Taunusien.
		Gedinnien.

Le Famennien comprend, outre les schistes de Famenne, les psammites du Condroz et les schistes d'Étrœungt.

TERRAIN DEVONIEN.

SUPÉRIEUR.

- Psammites du Condroz, **ps**. (C^2—Dumont).
  - IV. — Psammites et macigno d'Évieux à débris végétaux.
  - III. — Psammites de Monfort à *Cucullœa Hardingii*.
  - II. — Macigno noduleux de Souverain-Pré.
  - I. — Psammites d'Esneux à crinoïdes.
- Schistes de Famenne, **f** (BASSIN DE DINANT). Schistes des Isnes, **f**, oligiste oolitique, **o** (BASSIN DE NAMUR) (C^1—Dumont),
- Schistes de Matagne, à *Cardium palmatum* (C^1—Dumont), **p**.
- Schistes et calcaires de Frasne, **fr**.
  - Schistes à nodules argilo-calcaires à marbre gris et rouge.
  - Calcaire peu riche en fossiles.
  - Schistes à *Receptaculites Neptuni*.
  - Schistes, etc., à *Spirifer Orbelianus*. (E^3—et C^1—Dumont) (BASSIN DE DINANT).
  - Calcaire de Rhisne (E^3—Dumont). Schistes et dolomie de Bovesse. Grès et poudingue de Mazy (E^1—Dumont) (BASSIN DE NAMUR).

MOYEN.

- Calcaire de Givet à *Strigocephalus Burtini* (E^3—Dumont), **str**.
- Poudingue de Pairy-Bony et d'Horrues (dans le BASSIN DE NAMUR) (E^1—Dumont).
- Schistes et calcaire de Couvin à *Calceola sandalina* (E^2etE^3—Dumont), **c**.

INFÉRIEUR.

- Schistes, etc., à *Spirifer cultrijugatus* de Hierges (E^1—Dumont). Schistes rouges de Rouillon (E^1—Dumont), **gr**.
- Schistes et grès rouges de Burnot et de Vireux. Poudingues de Burnot et de Weris (E^1—Dumont), **b**.
- Grès et schistes noirâtres de Vireux (A—Dumont), **a**. Schistes, phyllades et grès de Houffalize et de Montigny à *Leptæna Murchisoni* (Cb—Dumont), **h**. — Grès et schistes rouges de Wépion (E^1—Dumont).
- Grès blanchâtres d'Anor (Cb—Dumont), **t**. Grès du bois d'Ausse (E^1—Dumont).
- Schistes de Gedinne, **g**.
  - Phyllades bigarrés d'Oignies. Schistes fossilifères de Mondrepuits (G—Dumont). — Psammites et schistes de Fooz (E^1—Dumont).
  - Arkose de Weismes (G—Dumont); arkose de Dave (E^1—Dumont).
  - Poudingue de Fépin (G—Dumont); poudingue d'Ombret (E^1—Dumont).

I. — DEVONIEN INFÉRIEUR.

A. *Schistes de Gedinne. Système du poudingue de Fépin*, d'Omalius d'Halloy. *Gedinnien*, A. Dumont.

Les schistes de Gedinne comprennent, d'après M. J. Gosselet : les poudingues de Fépin et d'Ombret, les arkoses de Weismes et de Dave, les schistes fossilifères de Mondrepuits et les phyllades bigarrés d'Oignies correspondant aux psammites de Fooz.

Les fossiles y sont plus rares et plus mal conservés que dans les autres couches de l'ancien terrain rhénan de l'Ardenne. Deux localités, situées en dehors de nos frontières, possèdent des fossiles en assez bon état de conservation. Ce sont Gédoumont, près Malmédy (Prusse) et Mondrepuits, dans le département de l'Aisne (France).

On rencontre les fossiles : à Gédoumont, dans des grès blanchâtres supérieurs au poudingue de Fépin ; à Mondrepuits, dans des schistes supérieurs à ces poudingues.

M. le professeur Hébert (¹) a depuis longtemps fait connaître un certain nombre de fossiles de Mondrepuits. D'un autre côté, M. le professeur de Koninck (²) a décrit vingt-deux espèces des grès des Gédoumont et des schistes des Mondrepuits.

Les espèces signalées à Mondrepuits par M. de Koninck, sont les suivantes :

Primitia Jonesii, de Kon.
Beyrichia Richteri, de Kon.
Homalonotus Rœmeri, de Kon.
Orthis Verneuili, de Kon.
Spirifer hystericus, Schloth.
Grammysia deornata, de Kon.
Avicula subcrenata, de Kon.
Pterinea? ovalis, de Kon.
Tentaculites grandis, Rœm.
» *irregularis*, de Kon.

(¹) *Bulletin de la Société géologique de France*, 2ᵉ sér., t. XII, p. 1170.
(²) *Notice sur quelques fossiles recueillis par M. G. Dewalque dans le système gedinnien d'A. Dumont*, Annales de la Société géologique de Belgique, t. III, p. 25, Liége, 1870.

Les schistes fossilifères de Mondrepuits présentent des restes organisés, en divers points voisins de la frontière belge.

1. — A 800 mètres au nord de Macquenoise, entre cette localité et Four-Malot ([1]), M. Gosselet et moi nous avons rencontré un certain nombre d'espèces identiques à celles de Mondrepuits.

Primitia Jonesii, de Kon.	*Spirifer hystericus,* Schloth.
Homalonotus Rœmeri, de Kon.	*Orthis Verneuili,* de Kon.

2. — A la forge du Pré-Brulard ([2]), à 3 kilomètres et demi au sud de Baileux, j'ai rencontré dans les schistes fossilifères :

Primitia et *Tentaculites.*

3. — A 1 kilomètre au sud du moulin du Mesnil et à 2 kilomètres environ à l'est d'Oignies, les schistes fossilifères nous ont fourni à M. Gosselet et à moi :

Primitia, traces de trilobites et de brachiopodes, *Tentaculites.*

B. *Grès blanchâtres d'Anor. Grès du Taunus,* etc. *Système coblentzien, étage taunusien,* A. Dumont.

La localité type d'Anor a fourni un certain nombre d'espèces qui n'ont pas encore été décrites.

4. — Je n'ai pas eu l'occasion de rencontrer des grès d'Anor avec fossiles en Belgique. Je ne puis guère signaler qu'un point situé à 3 kilomètres au sud de Couvin, le long de l'ancienne route de Cul-des-Sarts. Je n'y ai vu que des traces de fossiles. Je suis persuadé qu'une carrière établie en ce point, et qui fournirait de bons matériaux, permettrait de rencontrer les espèces qui ont été trouvées à Anor.

([1]) Fourmatot de Tarlier, *Dictionnaire des communes,* 1872.

([2]) Cette forge est aussi désignée sous le nom de *Pied-Brulard.*

C. *Schistes, phyllades et grès de Houffalize et de Montigny à* Leptæna Murchisoni. *Système des phyllades de Houffalize*, d'Omalius d'Halloy. *Grauwacke de Montigny*, etc. *Système coblentzien, étage hundsrückien*, A. Dumont.

5. — A 600 mètres à l'est d'Amberloup, une petite carrière de phyllade grossier fossilifère, indiquée par Dumont, m'a fourni :

Pleuracanthus laciniatus, Fr. Rœm.
Pterinea lamellosa, Sow.
» *costata*, Rœm.
Spirifer lœvicosta, Val.
Rhynchonella Daleidensis, Rœm.
Orthis vulcaria, Schl.
Chonetes plebeja, Schnur.
Leptæna Murchisoni, d'Arch. et de V.
Encrines.
Fenestella infundibuliformis, Goldf. sp.

6. — A 500 mètres au sud-ouest de Cherain, près du moulin, j'ai ramassé dans les psammites ferrugineux :

Encrines, Fenestella infundibuliformis, Goldf. sp., brachiopodes en mauvais état.

7. — A 600 et à 800 mètres au sud-est de Houffalize le long de la route de Bastogne, les phyllades et quartzophyllades calcareux contiennent :

Spirifer paradoxus, Quenst.
Leptæna Murchisoni, d'Arch. et de Vern.
Fenestella infundibuliformis, Goldf. sp.
Encrines.

8. — A 700 mètres au sud des points précédents, en continuant la route vers Bastogne, les phyllades contiennent les mêmes espèces.

9. — A 1 kilomètre au sud de Houffalize, on trouve à peu près les mêmes fossiles dans les phyllades grossiers quartzeux, près de la chapelle Saint-Roch.

10. — A 2 kilomètres au sud de Couvin, au delà du Pont-du-Roi et au point d'intersection de l'ancienne et de la nouvelle route de Cul-des-Sarts, les phyllades renferment quelques traces de fossiles et notamment *Leptæna Murchisoni*, d'Arch. et de Vern.

11. — A 600 mètres au sud-ouest de ce point, les phyllades calcareux et fer-

rugineux contiennent *Leptæna Murchisoni,* d'Arch. et de Vern. et quelques autres espèces.

12. — A 300 mètres au sud-ouest de ce point, en continuant à s'avancer sur la nouvelle route de Cul-des-Sarts, on arrive au Fond-de-l'Eau de Couvin. Les phyllades calcareux et ferrugineux, inclinés au sud, ont été entaillés par une tranchée de la route. Ils renferment de nombreux exemplaires des espèces suivantes

Spirifer lævicosta, Val.
» *macropterus,* Goldf.
Atrypa reticularis, L. sp.
Orthis Beaumonti, de Vern.
Orthis, sp.
Strophomena depressa, Sow.
Leptæna Murchisoni, d'Arch. et de Vern.
Cyathophyllum ceratites, Goldf.
Encrines.
Pleurodyctium problematicum, Goldf.

13. — Au Fond-de-l'Eau de Pesche, à 2 kilomètres au sud du village, les schistes plus ou moins altérés contiennent :

Homalonotus, sp.
Spirifer lævicosta, Val.
Leptæna Murchisoni, d'Arch. et de Vern.
Chonetes plebeja, Schnur.
Encrines.
Pleurodyctium problematicum, Goldf.

14. — A 800 mètres au sud-est de Seloignes, sur le chemin de la Saboterie et de l'Air-d'Oiseau, des phyllades grossiers, fissurés et inclinés au nord, renferment les espèces suivantes :

Pterinea?
Spirifer lævicosta, Val.
Rhynchonella Daleidensis, Rœm.
Chonetes dilatata, Rœm.
Pleurodyctium problematicum, Goldf.

Je dois la connaissance de ce gîte à d'obligeants renseignements de M. J. Van Scherpenzeel-Thim, ingénieur en chef, directeur des mines, à Liége.

15. — A 1800 mètres à l'est de Laroche et à 1 kilomètre environ de Villez, sur la nouvelle route de Houffalize, une tranchée a entamé plusieurs bancs de phyllade calcareux contenant assez de fossiles, malheureusement un peu trop impré-

gnés de matières ferrugineuses. Quatre couches, très-rapprochées, contiennent :

Spirifer lævicosta, Val.	*Orthisina umbraculum*, de Buch.
» *paradoxus*, Quenst.	*Leptæna Murchisoni*, d'Arch. et de Vern.

Différents autres points, que je vais indiquer aux environs de Laroche, me paraissent appartenir à un même système de couches, ainsi que celui que je viens de mentionner. Ils se trouvent sensiblement sur le prolongement d'une même droite. Quatre de ces points sont au nord et au nord-est de Laroche, le cinquième est à l'est de cette localité. Ils se trouvent dans des roches imprégnées de calcaire. On a fait des recherches de minerai dans leur voisinage et l'on a même rencontré de la galène sur la route de Fraiture, à proximité de Laroche.

16. — Un premier point, situé à 400 mètres au nord de Laroche, sur la route de la Baraque de Fraiture, recèle de nombreuses tiges de crinoïdes.

17. — Deux gisements plus riches s'observent à 500 et à 600 mètres au nord-est de Laroche, sur la route et à proximité du cimetière de la localité. On y voit :

Orthis vulvaria, Schloth. sp.	*Cyathophyllum*.
Leptæna Murchisoni, d'Arch. et de Vern.	

18. — A 700 et à 900 mètres au nord-est de Laroche, sur la vieille route de Laroche à Samrée et dans des excavations où l'on a recherché la galène, les phyllades calcareux contiennent des *Encrines*.

D. *Grès et schistes noirâtres de Vireux. Système ahrien*, A. Dumont.

19. — J'ai recueilli sur la rive gauche de l'Ourthe, dans des bancs de psammites ferrugineux et calcareux, le long de la route de Hotton et à 700 mètres au nord du pont de Marcourt :

Spirifer lævicosta, Val. et *Chonetes plebeja*, Schnur.

20. — Les mêmes fossiles se rencontrent au sud de Marcourt, près du pont.

21. — A 800 mètres environ au sud de ce point et toujours sur la rive gauche de l'Ourthe, le long de la route de Laroche, les couches de macigno, inclinées au nord et exploitées pour pavés, montrent des empreintes végétales.

E. *Schistes et grès rouges de Burnot et de Vireux. Poudingue de Burnot et de Weris. Système eifelien quartzo-schisteux, partie quartzeuse*, A. Dumont.

22. — A 1700 mètres au sud-sud-est de Couvin et à 200 mètres à l'est de Pont-du-Roi, on trouve des excavations d'où l'on a extrait autrefois des grès de l'étage de Burnot. On y observe des débris des mêmes fossiles que ceux que M. Jannel a découverts à Vireux :

Traces de trilobites et de brachiopodes.

23. — Près du moulin de Forges, les mêmes grès contiennent des traces d'encrines.

24. — A 1 kilomètre à l'ouest de Masbourg, sur le chemin de ce village à Lesterny, et à 150 mètres plus loin, toujours vers l'ouest, dans la tranchée du chemin de fer, on peut ramasser des fossiles dans les roches quartzeuses de l'étage du poudingue de Burnot. Quelques bancs sont poudingiformes. Notons :

Pterinea lineata? Goldf.
Spirifer subcuspidatus, Schnur.
» *cultrijugatus*, Rœm.
» *lævicosta*, Val.
Atrypa reticularis, L. sp.
Rhynchonella Daleidensis, Rœm.
Orthis vulvaria, Schloth.
Orthisina umbraculum, de Buch.
Chonetes dilatata, Rœm.
» *plebeja*, Schnur.
Encrines.
Ctenocrinus decadactylus, Rœm. (¹).

25. — A 400 mètres, à 800 et à 900 mètres au sud de la précédente tranchée de Masbourg en allant vers Grupont, les roches sont également fossilifères. On rencontre encore des fossiles dans les autres tranchées en allant vers Grupont. Dans la seconde tranchée après Masbourg, on trouve :

Pterinea lineata? Goldf.
Spirifer lævicosta, Val.
Athyris undata, Defr.
Rhynchonella Daleidensis, Rœm.
Crinoïdes.

(¹) Collection de la Faculté des sciences de Lille.

26. — Dans la tranchée à 1200 mètres au nord-est de la station de Grupont, on voit des traces de la plupart des espèces que je viens de citer.

27. Les mêmes fossiles s'observent à 800 mètres à l'est de Lesterny.

28. — Entre Grupont et Saint-Hubert, à 1400 mètres au sud-est de Grupont, les roches de Burnot contiennent :

Spirifer lævicosta, Val.
Orthisina umbraculum, de Buch.
Encrines.

F. *Schistes a* Spirifer cultrijugatus *de Hierges. Grauwacke de Hierges. Système eifelien quartzo-schisteux, partie schisteuse*, A. Dumont.

29. — A 1200 mètres au sud-est de Couvin, les débris de schistes contiennent les fossiles suivants :

Pterinea lineata, Goldf.
Spirifer Arduennensis, Schnur.
» *cultrijugatus*, Rœm.
» *lævicosta*, Val.
Atrypa reticularis, L. sp.
Athyris undata, Defr.
Rhynchonella Daleidensis, Rœm.
Orthis vulvaria, Schloth.
Leptæna Murchisoni, d'Arch. et de Vern.
Chonetes dilatata, Rœm.
» *plebeja*, Schnur.
» *minuta*, Goldf.
Encrines.
Pleurodyctium problematicum, Goldf.

30. — A 200 mètres à l'ouest de la station de Villers-la-Tour, on a extrait de l'oligiste oolithique subordonné aux couches à *Cultrijugatus*. On y voit de nombreuses traces de fossiles, mais dans un état qui n'en permet guère la détermination : *Encrines*.

31. — A 1400 mètres environ au nord de l'étang de Forges, sur l'ancienne route de Forges à Chimay et sur une longueur d'environ 800 mètres, jusque près du réservoir des eaux de la ville de Chimay, on trouve en cinq points des fossiles :

Spirifer cultrijugatus, Rœm, etc.

32. — A l'ouest de Forges, des minerais de fer subordonnés aux couches à *Cultrijugatus* contiennent de nombreuses traces de fossiles.

33. — A 500 mètres au sud d'Olloy, sur la route d'Oignies, les schistes renferment plusieurs bancs fossilifères :

Spirifer macropterus, Goldf.
» *cultrijugatus*, Rœm.
» *lævicosta*, Rœm.
Rhynchonella Daleidensis, Rœm.
Orthisina umbraculum, de Buch.
Chonetes dilatata, Rœm.
» *plebeja*, Schnur.

34. — A l'entrée du tunnel de Mazée, vers la Belgique, les débris de schistes à *Spirifer cultrijugatus* contiennent :

Capulus priscus, Schloth.
Spirifer curvatus, Schloth.
Atrypa reticularis, L. sp.
Orthis striatula, Schloth.
Crinoïdes.

35. — A 1200 mètres environ au sud de la station de Vierves, on trouve dans les schistes :

Spirifer cultrijugatus, Rœm.
Chonetes dilatata, Rœm.
Chonetes plebeja, Schnur.

36. — Entre Chanly et les forges de Neupont, à 400 ou 500 mètres du point de départ de la nouvelle route vers Neupont, il y a un gîte très-riche en fossiles :

Trilobites (traces).
Spirifer Arduennensis, Schnur.
» *paradoxus*, Quenst.
» *lævicosta*, Goldf.
Athyris undata, Defr.
Rhynchonella Daleidensis, Rœm.
Orthis, sp.
Chonetes dilatata, Rœm.
» *plebeja*, Schnur.
Encrines.

II. — DEVONIEN MOYEN.

G. *Schistes et calcaire à calcéoles ou de Couvin. Système eifelien quartzo-schisteux, partie schisteuse* (pro parte). A. Dumont. *Système du calcaire de Couvin à* CALCEOLA SANDALINA, partie supérieure, d'Omalius d'Halloy.

La localité type de Couvin renferme de nombreux gîtes de fossiles.

37. — A 200 mètres à l'ouest de la station de Couvin, le long du chemin de Boussut-en-Fagne, les schistes gris laissent épars à la surface du sol de nombreux fossiles :

Phacops latifrons, Bronn.
Spirifer speciosus, Schl.
» *curvatus*, Schl.
» *lævicosta*, Val. (*Sp. ostiolatus*, Schl.)
Cyrtia heteroclyta, Defr. sp.
Retzia ferita, de Buch.
Athyris concentrica, de Buch.
Merista prunulum, Schnur. sp.
Atrypa aspera, Schl.
» *latilinguis*, Schnur. sp.
» *reticularis*, L. sp.
Rhynchonella parallelipipeda, Bronn.
Pentamerus galeatus, Dalm.
Orthis striatula, Schloth.
» *tetragona*, F. Rœm.
Strophomena depressa, Sow.
Calceola sandalina, Lmk.
Fenestella antiqua, Goldf. sp.
Favosites polymorpha, Goldf. sp.
Alveolites reticulata, de Blainv.
Cyathophyllum ceratites, Goldf.
» » *vermiculare*, Goldf.
Cystiphyllum lamellosum, Goldf. sp.
Calamopora basaltica? Goldf.
Pleurodyctium problematicum, Goldf.
Encrines (1).

(1) M. le professeur G. Dewalque indique en outre (*Rapport sur l'excursion de la Société malacologique à Couvin*, ANNALES DE LA SOCIÉTÉ MALACOLOGIQUE DE BELGIQUE, t. VIII, p. 78, Bruxelles, 1875) :

Bronteus alutaceus, Goldf.
Gyroceras nodosum, Bronn. sp.
Capulus priscus, Goldf. sp.
Spirifer simplex, Phill.
Athyris Eifliensis, Schnur.
Anophotheca lepida, Goldf. sp.
Pentamerus globus, Bronn.
Orthis Eifliensis, d'Arch. et de Vern.
Leptæna interstrialis, Phill.
» *irregularis*, F. Rœm.
» *lepis*, d'Arch. et de Vern.
» *Naranjoana*, de Vern.
Cyathophyllum Steiningeri, Edw. et H.
Cystiphyllum Goldfussi, Edw. et H.
Stromatopora polymorpha, Goldf.
Cupressocrinus abbreviatus, Goldf.

38. — Un peu au nord-est de ce point et à 200 mètres au nord de la station de Couvin, des bancs de calcaire argileux renferment :

Phacops latifrons, Bronn.
Bronteus alutaceus, Goldf.
Lucina proavia, Goldf.

Et quelques débris de lamellibranches.

39. — A 400 mètres au nord-ouest de la station de Couvin, on a établi un four à chaux hydraulique dans le calcaire argileux. On y trouve, dans les schistes enlevés pour faciliter l'exploitation, les espèces signalées dans les premiers schistes (37) et des traces de gros orthocères. *Favosites polymorpha ?*, Goldf. y est représenté par de gros spécimens.

40. — A 400 mètres au nord-est de Couvin, sur la route de Petigny, on rencontre *Favosites polymorpha ?*, Goldf. et de nombreux *Cyathophyllum*.

41. — A 600 et à 800 mètres à l'est de ce point, sur la route de Petigny, près « La Folie », on voit les mêmes schistes fossilifères avec *Calceola sandalina*, Lmk.

42. — Un peu plus à l'est, à Petigny, toujours le long de la route, les nodules calcaires renferment *Phacops latifrons*, Bronn.

43. — A 600 mètres au nord-ouest de Petigny, à proximité de la route de Frasne, les schistes à calcéoles contiennent de nombreux *Cyathophyllum*.

44. — A 900 mètres au nord-est de Petigny, dans les schistes provenant d'une recherche de minerai : *Spirifer speciosus*, Schloth. et *Spirifer lævicosta*, Val.

45. — A environ 1500 mètres au sud de Nismes, et à 400 mètres de la Chapelle-Saint-Joseph, à proximité de la route de Petigny à Olloy, on a ouvert une grande carrière dans le calcaire à calcéoles. On y exploite le calcaire argileux pour faire de la chaux hydraulique. On trouve de nombreux échantillons de fossiles dans cette espèce de calschiste noduleux qui se présente en couches presque

verticales, faiblement inclinées au nord :

Phacops latifrons, Bronn.
Lucina proavia, Goldf.
Spirifer speciosus, Schloth.
» *curvatus,* Schloth.
Atrypa aspera, Schloth. sp.
» *reticularis,* L. sp.
Rhynchonella parallelipipeda, Bronn.
Leptæna interstrialis, Phill.
Calceola sandalina, Lmk.
Cyathophyllum, sp.
Encrines.

46. — On observe à 600 mètres au nord-ouest d'Olloy, des schistes à calcéoles avec bancs de calcaire. Sur la pente de la montagne, on trouve dans les débris schisteux :

Spirifer curvatus, Schloth.
Athyris concentrica, de Buch.
Atrypa reticularis, L. sp.
Pentamerus galeatus, Dalm.
Orthis, sp.
Calceola sandalina, Lmk.
Cyathophyllum ceratites, Goldf.

47. — A 400 mètres au sud-est de Mazée, on trouve dans les fragments du calcaire à calcéoles :

Phacops latifrons, Bronn.
Spirifer curvatus, Schloth.
Atrypa reticularis, L. sp.
Pentamerus galeatus, Dalm.

48. — Dans la tranchée près de la station de Jemelle et dans les chemins qui aboutissent à cette station, on observe dans les schistes les fossiles suivants :

Phacops latifrons, Bronn.
Spirifer speciosus, Schloth.
Atrypa reticularis, L. sp.
Rhynchonella parallelipipeda, Bronn.
Pentamerus galeatus, Dalm.
Strophomena depressa, Sow. sp.
Fenestella antiqua, Goldf. sp.

49. — A 500 mètres au sud de l'église de Jemelle, les schistes contiennent *Leptæna interstrialis,* Phill., etc.

50. — Les travaux de la section du chemin de fer de Jemelle à Rochefort ont

nécessité plusieurs tranchées dans les schistes à calcéoles. La première tranchée, à partir de Jemelle, fournit :

Atrypa reticularis, L. sp.	*Strophomena depressa*, Sow. sp.
Pentamerus galeatus, Dalm.	

51. — La seconde tranchée, plus longue et qui sera la plus profonde, n'était que partiellement entamée à la fin d'octobre 1878. Du côté de Jemelle, les couches inclinent vers l'ouest. Elles inclinent au sud à l'autre extrémité de cette tranchée, qui est très-fossilifère. Les fossiles, en assez bon état de conservation, s'étalent à la surface des couches qui sont attaquées, en quelques points, dans le sens de leur direction.

Phacops latifrons. Bronn.	*Productus subaculeatus*, Murch.
Spirifer speciosus, Schloth.	*Calceola sandalina*, Lmk.
» *curvatus*, Schloth.	Tiges d'*encrines*.
Atrypa reticularis, L. sp.	*Fenestella antiqua*, Goldf. sp.
Pentamerus galeatus, Dalm.	*Favosites polymorpha*, Goldf. sp.
Orthis striatula, Schloth., sp.	*Alveolites reticulata*, de Blainv.
Strophomena depressa, Sow. sp.	*Cyathophyllum ceratites*, Goldf.
Leptæna Naranjoana, de Vern.	» *vermiculare*, Goldf.
» *interstrialis*, Phill.	*Cyathophyllum*, sp.

52. — Dans la troisième tranchée en allant vers Rochefort, on trouve de grands *Spirifer speciosus*, Schloth.

53. — Dans la quatrième tranchée, des schistes avec calcaire un peu quartzeux renferment :

Atrypa reticularis, L. sp.	*Cyathophyllum*, sp.
Tiges d'*encrines*.	

54. — A 500 mètres au nord-ouest de la station de Grupont, à la jonction des routes de Beauraing et de Rochefort, au nord de Bure, des schistes fossilifères, inclinés au sud, contiennent :

Cyrtia heteroclyta, Defr. sp.	*Cyathophyllum ceratites*, Goldf.

55. — Sur la route de Beauraing à Tellin et à 700 mètres à l'est des premières maisons de cette localité, des schistes calcareux et plongeant également au sud, renferment de tiges d'*encrines* et des débris de brachiopodes.

56. — De Grupont à Wellin, en suivant la route de Beauraing, on côtoie les schistes, etc., à calcéoles. Aux premières maisons à l'est de Resteigne, les schistes recèlent :

Cyrtia heteroclyta, Defr. sp.	Tiges d'*encrines*.
Leptæna, sp.	*Cyathophyllum ceratites*, Goldf.

57. — A l'ouest de Chanly, on voit une petite carrière de calcaire argileux incliné au sud-est, d'où l'on a extrait des pierres pour construire l'école de la commune. Cette roche, très-cohérente, renferme quelques brachiopodes et polypiers en mauvais état.

58. — Vers l'embranchement de Neupont, et sur une longueur d'environ 400 mètres, on voit sur la route de Beauraing, des schistes à calcéoles très-fossilifères :

Atrypa aspera, Schloth sp.	*Favosites polymorpha*, Goldf.
» *reticularis*, L. sp.	*Cyathophyllum*, sp.
Orthis, sp.	

59. — Les schistes que l'on observe pendant 100 mètres sur l'embranchement de Neupont, contiennent les fossiles suivants :

Calceola sandalina, Lmk.	*Cyathophyllum flexuosum*, Goldf.
Fenestella antiqua, Goldf. sp.	*Alveolites reticulata*, de Blainv.
Tiges d'*encrines*.	

60. — On observe, au sud de Halma, dans les schistes fossilifères :

Encrines et *Cyathophyllum*.

61. — A l'est de Wellin, entre ce village et Halma, on trouve dans les schistes, le long de la route :

Atrypa reticularis, L. sp.	*Cyathophyllum*, sp.
Tiges d'*encrines*.	

62. — A l'ouest de Hampteau, les schistes à calcéoles contiennent :

Spirifer curvatus, Schloth.
Atrypa reticularis, L. sp.
Orthis striatula? Schloth. sp.
Leptæna interstrialis, Phill.
Encrines.
Cyathophyllum, sp.

II. *Calcaire de Givet, à* Strigocephalus Burtini. *Système eifelien calcareux*, A. Dumont.

63. — Sur les plateaux à 1 kilomètre au nord de Couvin, on trouve, à la surface du sol, de gros échantillons de :

Cyathophyllum quadrigeminum, Goldf.

64. — Sur les sommets de la rive gauche de l'Eau-Noire, à 1 kilomètre au nord-ouest de Couvin, on ramasse, également à la surface des bancs de calcaire altérés :

Orthoceras.
Strigocephalus Burtini, Defr.
Cyathophyllum quadrigeminum, Goldf.
Favosites cervicornis, de Blainv. sp.
Alveoilites reticulata, de Blainv.

65. — Sur le plateau près de l'Ermitage, à Boussut-en-Fagne, les blocs de calcaire de Givet renferment :

Strigocephalus Burtini, Defr.

66. — De nombreuses poches ou amas de limonite ont été exploitées au sud-est de Nismes et sur le plateau calcaire qui se trouve entre cette localité et Dourbes. Les couches presque verticales y présentent, à la suite de l'enlèvement du minerai, les aspects les plus pittoresques. Les parois de ces roches, qui sont en calcaire ou en dolomie, sont tapissées de fossiles en plus ou moins bon état. On en trouve, rarement aujourd'hui, des échantillons dont l'état de conservation, comme l'a fait remarquer M. J. Gosselet, rappelle assez bien celui des fossiles tertiaires. A la surface du sol sur ce plateau, on peut ramasser de gros

Cyathophyllum quadrigeminum, Goldf, et *Calamopora polymorpha*, Goldf.

67. — A 1200 mètres au sud-est de Nismes, sur le sommet du plateau de calcaire de Givet entouré de schistes à calcéoles, on voit de très-belles excavations. Dans les argiles ferrugineuses extraites de l'une d'elles, j'ai trouvé des débris de divers fossiles. En les comparant avec les spécimens recueillis par feu H. Lehon, que possède le Musée royal d'histoire naturelle, j'ai pu m'assurer que j'avais bien retrouvé le gîte exploité par cet habile explorateur. C'est également en ce point que MM. J. Gosselet et Ch. Barrois ont trouvé de nombreuses espèces (1).

68. — A 400 mètres à l'est de Nismes, les couches inclinées au nord contiennent abondamment :

Cyathophyllum cæspitosum, Goldf.

69. — Entre Nismes et Dourbes, presque au-dessus du tunnel, des couches à peu près verticales renferment de nombreuses traces de

Strigocephalus Burtini, Defr.

70. — La carrière servant à alimenter le four à chaux de l'ilot calcaire au sud de Nismes, contient :

Orthoceras.
Atrypa reticularis, L. sp.
Orthis striatula, Schl. sp.

(1) J. Gosselet, *Carte géologique de la bande méridionale des calcaires devoniens de l'Entre-Sambre-et-Meuse*, Bull. de l'Acad. roy. de Belgique, 2me série, t. XXXVII, pp. 91-92. Bruxelles, 1874 :

Cyrtoceras.
Orthoceras.
Goniatites.
Bellerophon.
Pleurotomaria subcarinata.
» *nerinea.*
» *binodosa.*
» *bilineata.*
» *Murchisoni.*
» *angulata.*
» *quadrilineata.*
» *coronata.*
» *fasciata.*
» *bicoronata.*
Natica piligera.
Delphinula, nov. sp.
Turritella compressa.
Littorina subrugosa.
» *lyrata.*
» *Nismensis.*
Catantostoma clathratum.
Schizostoma delphinuloides.
Dentalium annulatum.
Melania obsoleta.
Rotula heliciformis.
Evomphalus trigonalis.
» *turritus.*
» *lævis.*
Macrocheilus arculatus.
» *ventricosum.*
Megalodon cucullatus.
Strigocephalus Burtini.

71. — Entre Nismes et Dourbes, sur le plateau à l'est de Nismes et près de Dourbes, on trouve de gros

Cyathophyllum quadrigeminum, Goldf.
» *cœspitosum*, Goldf.
Favosites cervicornis, de Blainv. sp.
Alveolites suborbicularis, Lmk.

72. — Dans la grande carrière de Forrières, dont les couches sont inclinées au sud, on exploite du marbre qui offre d'abondantes sections de

Strigocephalus Burtini, Defr.

73. — Entre Rochefort et Jemelle, on trouve des fossiles à la surface du calcaire décomposé :

Pleurotomaria.
Spirifer speciosus, Schloth.
Terebratula.
Strigocephalus Burtini, Defr.
Atrypa reticularis, L. sp.
Pentamerus formosus, Schnur.
Orthis striatula, Schloth. sp.
Cyathophyllum ceratites, Goldf.
Stromatopora polymorpha, Goldf.

74. — Au sud de Marche-en-Famenne, au point d'intersection de la route et du chemin de fer, vis-à-vis du château de Waha, j'ai rencontré, autrefois, des *Cypridina* dans une fissure de calcaire altéré.

75. — A Sombreffe, dans les couches inférieures de la carrière d'Humerée, on trouve

Strigocephalus Burtini, Defr.

76. — Dans la grande carrière située à 600 mètres au nord de Mazy, on trouve dans les couches supérieures

Murchisonia bilineata, Goldf. sp.

77. — Dans la carrière abandonnée située à l'ouest de la précédente, sur la rive gauche de l'Orneau, différents explorateurs ont recueilli :

Strigocephalus Burtini, Defr.
Murchisonia bilineata, Goldf. sp.
Macrocheilus arculatus, Schloth. sp.

III. — DEVONIEN SUPÉRIEUR.

I. *Schistes et calcaires de Frasne. Système eifelien calcareux et système condrusien quartzo-schisteux, partie schisteuse*, A. Dumont.

BASSIN DE DINANT.

Bord méridional.

a. *Zone à* Spirifer Orbelianus.

78. — Entre Chimay et Lompret, sur la rive droite de l'Eau-Blanche, à l'ouest du pont du chemin de fer, on enlève comme ballast de la dolomie et les couches à *Orbelianus*. On trouve dans ce gîte :

Orthoceras.
Spirifer Orbelianus, Abich.
» *disjunctus*, Sow. (*Sp. Verneuili*, Murch.)
Atrypa reticularis, L. sp.
Orthis striatula, Schloth. sp.
Favosites cervicornis, de Blainv. sp.

79. — Entre Boussut-en-Fagne et l'Ermitage, on rencontre la zone à *Orbelianus* représentée par de gros *Atrypa reticularis*, L. sp., et par :

Pentamerus galeatus, Dalm.
Favosites cervicornis, de Blainv. sp.
Alveolites, sp.
Cyathophyllum, sp.

80. — A Nismes, à l'endroit où l'Eau-Noire sort des rochers, on trouve :

Atrypa reticularis, L. sp.
Spirifer disjunctus, Sow.

81. — Aux anciennes mines de plomb de Dourbes, on voit les gros *Spirifer Orbelianus*, Abich., et *Atrypa reticularis*, L. sp., signalés par M. J. Gosselet, comme de taille gigantesque. On les observe surtout dans le tas de calschiste le plus rapproché du village, à environ 700 mètres au nord de celui-ci. On y trouve, en outre :

Orthoceras.
Evomphalus.
Orthis striatula, Schloth. sp.

b. *Zone à* Receptaculites Neptuni.

82. — A 1400 mètres au nord-ouest de Chimay, sur la route de Beaumont, près la ferme de la Maladrie, on observe le gisement classique à ***Receptaculites Neptuni***, Defr., avec :

Athyris concentrica, de Buch. sp.
Atrypa reticularis, L. sp.
Orthis striatula, Schloth. sp.
Leptæna Ferquensis, Rig.
Encrines.

83. — A 300 mètres à l'est du pont du chemin de fer sur l'Eau-Blanche, entre Chimay et Lompret, dans la tranchée au nord de Vaulx, on observe des schistes, avec ***Receptaculites Neptuni***, Defr., en très-mauvais état.

84. — A Boussut-en-Fagne, entre le village et l'Ermitage, on trouve, avec ***Receptaculites Neptuni***, Defr. :

Spirifer euryglossus, Schnur.
Atrypa reticularis, L. sp.
Alveolites suborbicularis, Lmk.

c. — *Schistes et calcaires de Frasne proprement dits.*

85. — Les schistes de Frasne contiennent, dans la tranchée à 1600 mètres au nord-est de la station de Couvin :

Atrypa reticularis, L. sp.
Productus subaculeatus, Murch.

86. — A 300 mètres au sud-est de Boussut-en-Fagne, les schistes de Frasne montrent :

Crypheus arachnoideus, Goldf. sp.
Orthoceras.
Spirifer disjunctus, Sow.
Atrypa reticularis, L. sp.
Fenestella.
Favosites cervicornis, de Blainv.
Alveolites suborbicularis, Lmk.

87. — A 400 mètres au nord-est de Boussut-en-Fagne, une carrière où l'on extrait du marbre Florence, est ouverte dans du calcaire de Frasne accompagné de calschistes qui renferment :

Gastéropodes.
Spirifer euryglossus, Schnur.
Atrypa reticularis, L. sp.
Rhynchonella.
Leptæna Bielensis, Rœm. (¹).
Favosites cervicornis, de Blainv. var. *Boloniensis.*
Acervularia pentagona, Goldf. sp.
» *Goldfussi*, Edw. et H.
Alveolites subæqualis, Edw. et H.
Tiges d'*encrines.*
Melocrinus hieroglyphicus, Goldf.

88. — A 200 mètres au nord-ouest de Frasne, les schistes contiennent :

Spirifer euryglossus, Schnur.
» *disjunctus*, Sow.
Atrypa reticularis, L. sp.
Leptæna Bielensis, Rœm.
Productus subaculeatus, Murch.
Fenestella.
Cyathophyllum.
Tiges d'*encrines.*

89. — A 600 mètres au nord de Frasne, au-dessus du mamelon de marbre rouge, on observe :

Athyris concentrica, de Buch. sp.
Leptæna Bielensis, Rœm.
Cyathophyllum cæspitosum, Goldf.
» *hexagonum*, Goldf.
Favosites polymorpha, de Blainv. sp.
» *cervicornis*, de Blainv. sp.
Alveolites subæqualis, Edw. et H.

90. — Dans les schistes qui avoisinent le mamelon à 1600 mètres au sud-est de Mariembourg et dans les débris calcaires provenant de celui-ci, on trouve :

Goniatites, sp.
Spirifer disjunctus, Sow.
Athyris concentrica, de Buch sp.
Rhynchonella cuboides, Sow. sp.
Rhynchonella pugnus, Sow. sp.
Orthis striatula, Schloth. sp.
Productus subaculeatus, Murch.
Favosites cervicornis, de Blainv. sp.

(¹) Cette espèce a été souvent confondue avec *Leptæna Dutertrei*, Murch., et avec *L. Ferquensis*, Rig.

91. — Dans la tranchée, à l'ouest de la station de Lompret-lez-Chimay, on trouve des schistes et calcaires de Frasne. Les couches de schistes se transforment en calcaire en conservant leur direction. Débris de :

Spirifer euryglossus, Schnur, *Camarophoria*, etc.

92. — A 200 mètres au sud de Gimnée, les schistes contiennent :

Crypheus arachnoideus, Golfd. sp.
Orthoceras.
Camarophoria megistana, Leb. sp.
Cyathophyllum.

93. — A 600 mètres à l'ouest de Gimnée, près le bois des Moines, se trouve l'ancienne carrière de marbre rouge dont M. Gosselet a donné la coupe (1). Le marbre rouge renferme *Rhynchonella cuboides*, Sow. sp. et les calschistes voisins :

Orthoceras.
Spirifer euryglossus, Schnur.
Rhynchonella cuboides, Sow. sp.

94. — A 500 mètres au sud de Franchimont, du calcaire bleuâtre formant des couches presque verticales, contient:

Cyathophyllum cœspitosum, Goldf.
Alveolites subæqualis, Lmk.

95. — A 200 mètres plus loin, c'est-à-dire à 700 mètres au sud de Franchimont, on arrive à une carrière de marbre rouge avec calschistes rouges et gris noduleux. On trouve dans les schistes :

Spirifer euryglossus, Schnur.
» *disjunctus*, Sow.
» sp.
Athyris concentrica, de Buch., sp.
Atrypa reticularis, L. sp.
Rhynchonella cuboides, Sow. sp.
Terebratula.

96. — Une autre carrière de marbre rouge, située à quelques mètres au sud de

(1) *Carte géologique de la bande méridionale des calcaires devoniens de l'Entre-Sambre-et-Meuse*, Bulletins de l'Académie royale de Belgique, 2me série, t. XXXVII, p. 111, 1874.

la précédente, montre une belle masse de marbre. Cette carrière est très-ancienne. Au dire du propriétaire, de gros blocs, relativement peu altérés à la surface, ont été extraits il y a plus de quatre siècles. Ce marbre renferme :

Spirifer disjunctus, Sow.
Atrypa reticularis, L. sp.
Rhynchonella cuboides, Sow. sp.

97. — La carrière *Madame*, à Merlemont, présente une belle et grande extraction de marbre rouge à

Rhynchonella cuboides, Sow. sp.

98. — Entre Sautour et Vieux-Sautour, près des déblais d'une ancienne extraction de pyrite, on trouve :

Acervularia pentagona, Goldf. sp.

On y voit également des cristaux de calcite et abondamment du calcaire bacillaire, lequel est caractéristique de tous les filons de l'Entre-Sambre-et-Meuse.

99. — Près de Vieux-Sautour, on observe dans les schistes à nodules :

Rhynchonella cuboides, Sow. sp.

100 — A 1200 mètres au nord de Sautour, sur Vodecée, on a exécuté des recherches de marbre rouge. Dans les schistes voisins, on remarque :

Atrypa reticularis, L. sp.
Orthis striatula, Schloth. sp.
Rhynchonella cuboides, Sow. sp.
Acervularia pentagona, Goldf. sp.

101. — La carrière de marbre rouge de Beau-Château à 2300 mètres environ au sud-est de Senzeille, présente une masse assez imposante. Dans les schistes voisins, on peut recueillir :

Spirifer euryglossus, Schnur.
Athyris concentrica, de Buch. sp.
Atrypa reticularis, L. sp.
Tiges d'*encrines*, etc.

102. — Les divers schistes noduleux que l'on observe à l'ouest de la tranchée du chemin de fer, au sud de Senzeille, renferment de nombreux échantillons de fossiles qui les font rapporter à l'étage de Frasne. Cette tranchée a fourni depuis très-longtemps des restes organisés aux géologues belges. Elle contient, en outre, des schistes à *Palmatum* et des schistes de Famenne. Les schistes de Frasne, qui nous occupent actuellement, sont caractérisés par :

Spirifer disjunctus, Murch.	*Cyathophyllum Michelini*, de Vern.
Athyris concentrica, de Buch. sp.	*Acervularia Goldfussi*, Edw. et H.
Atrypa reticularis, L. sp.	» *pentagona*, Goldf. sp.
Orthis striatula, Schloth. sp.	*Aulopora repens*, Kn. et W.
Leptæna Bielensis, Rœm.	*Alveolites*.
Crinoïdes.	

103. — A 400 mètres au nord-ouest de Heer, vis-à-vis la station d'Agimont, on voit dans les schistes où se trouvait la carrière de marbre rouge :

Atrypa reticularis, L. sp.	*Fenestella*.
Orthis striatula, Schloth. sp.	*Favosites cervicornis*, de Blainv. sp.
Leptæna Bielensis, Rœm.	Tiges d'*encrines*.

104. — A la carrière de marbre rouge de l'ancienne abbaye de Saint-Remy, à 3 kilomètres au nord de Rochefort, une belle et grande excavation fournit de magnifiques blocs de marbre griotte à

Rhynchonella cuboides, Sow. sp.

A l'extrémité nord-est de la carrière précédente, on a entamé des bancs de marbre bleu au voisinage desquels les calschistes contiennent de gros :

Rhynchonella cuboides, Sow.

105. — A 2400 mètres au sud-ouest de Marche-en-Famenne, on observe du marbre rouge avec

Athyris concentrica, de Buch. sp.	*Rhynchonella cuboides*, Sow. sp.
Atrypa reticularis, L. sp.	

106. — Dans la tranchée près la station de Melreux, en allant vers Liége, on remarque dans les deux premiers tiers environ de cette tranchée, des schistes et calschistes noduleux de Frasne avec :

Spirifer disjunctus, Sow.	*Camarophoria formosa*, Schnur.
Rhynchonella cuboides, Sow. sp.	

107. — Près de Durbuy, à 100 mètres environ à l'est des escaliers par lesquels on descend dans cette localité, les schistes noduleux de Frasne contiennent :

Spirifer euryglossus, Schnur.	*Atrypa reticularis*, L. sp.
» *disjunctus*, Sow.	*Camarophoria megistana*, Leh. sp.

108. — A l'est de Durbuy et à 200 mètres au sud-est du point précédent, les schistes à nodules de calcaire rouge renferment :

Rhynchonella cuboides, Sow. sp.

109. — Près d'un arbre et à mi-chemin entre Durbuy et Barvaux, on observe dans les schistes de Frasne :

Spirifer disjunctus, Sow.	*Camarophoria megistana*, Leh. sp.
Atrypa reticularis, L. sp.	

110. — Dans la seconde tranchée du chemin de fer à partir de la station de Barvaux vers Melreux, on trouve dans les schistes :

Spirifer disjunctus, Sow.	*Cyathophyllum*.
Camarophoria megistana, Leh. sp.	

111. — A 600 mètres au sud-est de Remouchamps, en suivant la route qui va vers Coo et Trois-Ponts, on remarque dans la première tranchée des calcaires contenant :

Spirifer disjunctus, Sow.

Ils sont séparés du calcaire de Givet par quelques décimètres de schistes.

112. — A Esneux, à la sortie du tunnel vers la station, les couches de Frasne contiennent, dans les parties schisteuses :

Spirifer disjunctus, Sow.	*Camarophoria megistana*, Leh. sp.
Athyris concentrica, de Buch. sp.	*Strophalosia productoides*, Murch. sp.
Atrypa reticularis, L. sp.	*Cyathophyllum*.

Bord septentrional.

113. — A 1400 et à 1600 mètres à l'est de la station de Lustin, des schistes et des calschistes renferment les fossiles suivants :

Pleurotomaria.
Spirifer disjunctus, Sow.
Cyrtia Murchisoniana? de Kon.
Atrypa reticularis, L. sp.
Orthis striatula, Schloth. sp.
Leptæna Bielensis, Rœm.
Strophalosia productoides, Murch. sp.
Acervularia pentagona, Goldf. sp.
Favosites cervicornis, de Blainv. sp.
Alveolites suborbicularis, Lmk.

114. — A 2 kilomètres à l'ouest de Berzée, dans une des premières tranchées de la ligne de Beaumont, on trouve des schistes contenant :

Evomphalus.
Spirifer disjunctus, Sow.
Athyris concentrica, de Buch. sp.
Atrypa reticularis, L. sp.
Orthis striatula, Schloth. sp.
Leptæna Bielensis, Rœm.
Cyathophyllum.
Alveolites.

115. — On trouve des fossiles dans les calschistes situés à 700 mètres au sud-est de la station de Labuissière. Cette localité m'a été signalée autrefois par M. l'ingénieur F. Cornet. Ce sont les espèces qui caractérisent le calcaire de Bovesse.

Bellerophon.
Spirifer Bouchardi, Murch.
» *disjunctus*, Sow.
Atrypa reticularis, L. sp.
Rhynchonella Boloniensis, d'Orb. sp.[1]
Orthis striatula, Schloth. sp.
Leptæna Bielensis, Rœm.
Cyathophyllum cæspitosum, Goldf.
» *Michelini*, de Vern.

[1] *Rhynchonella pleurodon*, Phill. pour beaucoup de géologues.

Schistes, dolomie et calcaire de Bovesse. — Calcaire de Rhisne. — Système eifelien calcareux, A. Dumont.

BASSIN DE NAMUR.

Bord septentrional.

116. — A 200 mètres au sud-est de l'église de Bovesse, dans une excavation ou ancienne carrière abandonnée on a rencontré dans les calschistes :

Crypheus arachnoideus, Golfd. sp.	*Spirifer Bouchardi*, Murch.
Avicula Neptuni, Goldf.	*Atrypa aspera*, Schloth. sp.

117. — Près de la ferme du Chenoy, à 1100 mètres à l'est de Bovesse, on trouve les mêmes fossiles dans des schistes et des calschistes.

118. — Dans une carrière située à 800 mètres à l'ouest d'Emines, des bancs de calcaire noir contiennent :

Crypheus arachnoideus, Goldf. sp.	*Lingula subparallela*, Sandb.
Avicula Neptuni, Goldf.	*Cyathophyllum*.

119. — Au Trieu d'Hulplanche (Emines), on voit à 300 mètres au nord de la ferme, d'anciennes excavations où MM. Lambotte frères ont recueilli autrefois de gros orthocères. On y trouve :

Crypheus arachnoideus, Goldf. sp.	*Atrypa reticularis*, L. sp.
Avicula Neptuni, Goldf.	*Orthis striatula*, Schloth. sp.
Spirifer Bouchardi, Murch.	*Leptæna Bielensis*, Rœm.
» *disjunctus*, Sow.	*Cyathophyllum Bouchardi*, Edw.
Athyris concentrica, de Buch. sp.	*Favorites cervicornis*, de Blainv. sp.

120. — A 900 mètres à l'ouest de Rhisne, on rencontre, dans les grandes carrières de calschistes exploités comme moellons et pour faire de la chaux hydraulique :

Spirifer disjunctus, Sow.	*Rhynchonella Boloniensis*, d'Orb. sp.
Athyris concentrica, de Buch. sp.	*Productus subaculeatus*, Murch.

121. — A Golzinne (Bossières), sous le Belvédère, le calcaire noduleux contient :

Crypheus arachnoideus, Goldf. sp. (traces).
Spirifer disjunctus, Sow.
Athyris concentrica, de Buch. sp.
Rhynchonella Boloniensis, d'Orb. sp.
Leptæna Bielensis, Rœm.
» *Dutertrii*, Murch. sp.
Favosites cervicornis, de Blainv. sp.
Alveolites subæqualis, Lmk.

122.— A 800 mètres au sud de Bossières, près la ferme du château d'Hermoye, on voit des couches de calcaire avec :

Spirifer disjunctus, Sow.
Atrypa reticularis, L. sp.
Pentamerus brevirostris, Phill.
Chonetes armata, Bouch.
Leptæna Dutertrii, Murch. sp.
Encrines.
Cyathophyllum.

123. — A 400 mètres au sud-est de Mazy, le long de la route de cette localité à Onoz, les calcaires noduleux de Rhisne contiennent :

Cryphæus (traces).
Spirifer disjunctus, Sow.
Athyris concentrica, de Buch. sp.
Rhynchonella Boloniensis, d'Orb. sp.
Leptæna Dutertrii, Murch. sp.
Productus subaculeatus, Murch.

124. — En continuant la même route et à 300 mètres au sud-ouest du point précédent, on observe dans les schistes :

Loxonema oblique-arcuatum, Sandb.
Spirifer disjunctus, Sow.
Athyris concentrica, de Buch. sp.
Rhynchonella Boloniensis, d'Orb.
Leptæna Dutertrii, Murch. sp.
Productus subaculeatus, Murch.

125.— A la ferme de Fanué, on trouve dans un calcaire dolomitique, sur la rive gauche de l'Orneau, de grands *Spirifer disjunctus*. Sow.

126. — Les couches de calschistes noduleux que l'on observe, au-dessus du calcaire de Givet, dans la carrière d'Humerée, à Sombreffe, renferment :

Evomphalus trigonalis, Goldf.
Spirifer disjunctus, Sow.
Atrypa reticularis, L. sp.
Pentamerus brevirostris, Phill.
Cyathophyllum Michelini, de Vern.
» sp.

127. — A 1800 mètres au sud-ouest de Hingeon, près le bois de Mochenaire, deux carrières de calcaire présentent des couches fossilifères. Ces carrières ont été explorées autrefois avec beaucoup de succès par MM. Lambotte, qui ont trouvé notamment *Palœdaphus devoniensis*, Van. Ben. et de grands orthocères. Nous y avons rencontré :

Crypheus.
Orthoceras.
Loxonema oblique-arcuatum, Sandb.
Gastéropodes.
Avicula Neptuni, Goldf.
Mytilus.
Spirifer disjunctus, Sow.
Rhynchonella Boloniensis, d'Orb. sp.
Leptæna Bielensis, Rœm.
Productus subaculeatus, Murch.
Cyathophyllum hexagonum, Goldf.
Favosites cervicornis, de Blainv. sp.
Syringopora, sp. nov.?

128. — A 400 mètres au nord-est de Lavoir, des schistes et des calschistes noduleux renferment dans d'anciennes carrières :

Evomphalus.
Turritella.
Gastéropodes.
Spirifer disjunctus, Sow.
Athyris concentrica, de Buch. sp.
Rhynchonella Boloniensis, d'Orb. sp.
Leptæna Bielensis, Rœm.
» *Dutertrii*, Murch. sp.
Favosites cervicornis, de Blainv. sp.
Syringopora, sp. nov.?

129. — A Huccorgne, sous l'église et près la station du chemin de fer vers le chemin qui conduit au château de Famelette, des calcaires noduleux, contiennent :

Bronteus alutaceus, Goldf. (1).
Spirifer disjunctus, Sow.
Atrypa reticularis, L. (gros spécimens.)
Orthis striatula, Schloth. sp.
Uncites gryphus, Defr.
Favosites cervicornis, de Blainv. sp., var. *Boloniensis.*
Cyathophyllum cœspitosum, Goldf.
» *hexagonum*, Goldf.
» *Michelini?* de Vern.
» sp.
Alveolites suborbicularis, Goldf. sp.
» *subæqualis*, Lmk.

(1) *Bronteus flabellifer* de diverses listes de fossiles.

130. — Au sud-est de la station de Huccorgne, les schistes et calschistes noduleux contiennent :

Spirifer disjunctus, Sow.	*Leptæna Bielensis*, Rœm.
Athyris concentrica, de Buch. sp.	*Productus subaculeatus*, Murch.

131. — A 1600 mètres au nord-ouest de Horrues, une ancienne carrière de calcaire, actuellement remplie d'eau, est caractérisée par les fossiles suivants :

Atrypa reticularis, L. sp.	*Cyathophyllum cæspitosum*, Goldf.
Leptæna Bielensis, Rœm.	» *Michelini*, de Vern.
Orthis striatula, Schloth. sp.	*Favosites cervicornis*, de Blainv. sp.
Tiges d'*encrines*.	*Acervularia Goldfussi*, Edw. et H.

132. — A Watiamont, à 1700 mètres au nord-ouest d'Écaussines-Lalaing, les couches de calcaire noduleux contiennent :

Spirifer disjunctus, Sow.	*Productus subaculeatus*, Murch.
Rhynchonella Boloniensis, d'Orb. sp.	

133. — A Feluy, à 200 mètres au sud de la 32e écluse du canal de Bruxelles à Charleroi, on observe la carrière de calcaire dite de Coquibut. J'y ai vu, ainsi que dans la collection de M. le Dr Cloquet, à Feluy, les espèces suivantes :

Cyrtoceras.	*Rhynchonella Boloniensis*, d'Orb. sp.
Avicula, sp. (1).	*Orthis striatula*, Schloth. sp.
Spirifer disjunctus, Sow.	*Leptæna Bielensis*, Rœm.
Atrypa reticularis, L. sp.	*Cyathophyllum*, sp.

134. — Au nord-ouest de la 32e écluse (Feluy), vis-à-vis le château de La Rocq, les couches calcaires inférieures aux précédentes contiennent abondamment :

Spirifer disjunctus, Sow.	*Cyathophyllum hexagonum*, Goldf.

(1) Espèce analogue ou équivalente de *Avicula Neptuni*, Goldf.

135. — A 800 mètres au nord-est de la 32e écluse, dans un chemin creux, parcouru en partie par un ruisseau, des schistes renferment :

Evomphalus, sp. et de gros *Atrypa reticularis*, L. sp.

La position et la forme de ces derniers rappellent parfaitement la zone à *Orbelianus*.

Bord méridional.

136. — A 100 mètres au nord de la station de Dave, à la surface des bancs de calcaire marqués comme calcaire de Givet par Dumont, on observe :

Crypheus arachnoideus, Goldf. sp.
Spirifer disjunctus, Sow.
Athyris concentrica, de Buch. sp.
Atrypa reticularis, L. sp.
Productus subaculeatus, Murch.

137. — A la lisière du bois, à 900 mètres environ à l'est de la station de Dave, les schistes et calschistes renferment :

Avicula Neptuni, Goldf.
Spirifer Bouchardi, Murch. sp.
» *disjunctus*, Sow.
Atrypa reticularis, L. sp.
Leptæna Bielensis, Rœm.
Encrines.
Cyathophyllum cæspitosum, Goldf.
Favosites cervicornis, de Blainv. sp.

138. — En remontant un petit chemin, entre les deux gîtes précédents, à 300 mètres à l'est de la station, on voit des bancs de calcaire avec :

Avicula Neptuni, Goldf.
Spirifer Bouchardi, Murch.
Atrypa reticularis, L. sp.

139. — A l'endroit dit « les Crayas », à 2 kilomètres au sud de Wépion, les schistes contiennent les fossiles suivants :

Spirifer disjunctus, Sow.
Atrypa reticularis, L. sp.
» *aspera*, Schl. sp.
Orthis striatula, Schl. sp.
Leptæna Bielensis, Rœm.
Cyathophyllum cæspitosum, Goldf.
Alveolites subæqualis, Edw. et H.

140. — A environ 2 kilomètres au sud-est d'Andenne, sur la nouvelle route de Haillot, on trouve des schistes et calschistes fossilifères qui m'ont été indiqués par MM. P. Francotte et G. Hock.

Evomphalus, sp.
Spirifer disjunctus, Sow.
Athyris concentrica, de Buch. sp.
Atrypa reticularis, L. sp.
Rhynchonella, sp.
Orthis striatula, Schloth. sp.
Acervularia pentagona, Goldf. sp.

141. — A 200 mètres au nord-est de Statte, on ramasse parmi les débris de schiste et de calcaire :

Pleurotomaria.
Spirifer disjunctus, Sow.
Atrypa reticularis, L. sp.
Orthis striatula, Schloth. sp.
Strophalosia productoides, Murch. sp.

142. — A Huy, dans la tranchée du chemin de fer Hesbaye-Condroz, un îlot de calcaire renferme :

Cyathophyllum hexagonum, Goldf.

143. — Au fort Piccard près de Huy, des calcaires noduleux sont caractérisés par :

Spirifer disjunctus, Sow. et *Atrypa reticularis*, L. sp.

144. — A 100 mètres au nord-est de la station d'Engis, on observe dans une carrière de calcaire :

Spirifer disjunctus, Sow.
Rhynchonella cuboides, Sow. sp.
Acervularia pentagona, Goldf. sp.

145. — A 100 mètres au nord de Chokier, on trouve dans des calcaires :

Cyathophyllum cæspitosum, Goldf.
Cyathophyllum hexagonum, Goldf.

146. — Vis-à-vis Colonstère, à 1 kilomètre au sud-est d'Embourg, à 200 mètres environ au nord-ouest du point de jonction de la nouvelle et de l'ancienne route

d'Aywaille, on rencontre dans une vieille carrière :

Acervularia pentagona, Goldf. sp.
Acervularia Goldfussi, Edw. et H.

147. — Près de Chaufontaine, à La Brouck (Forêt-sur-Vesdre), au-dessus de l'usine de la Nouvelle-Montagne, les bancs de calcaire contiennent des polypiers. On y voit :

Spirifer disjunctus, Sow.
Athyris concentrica, de Buch. sp.
Orthis striatula, Schloth. sp.
Cyathophyllum cœspitosum, Goldf.
Cyathophyllum hexagonum, Goldf.
Favosites cervicornis, de Blainv. sp.
Alveolites suborbicularis, Lmk.

J. *Schistes de Matagne à* Cardium palmatum. *Système condrusien quartzo-schisteux, partie schisteuse*, A. Dumont.

148. — Derrière le chœur de l'église de Boussut-en-Fagne, les schistes à *Cardium palmatum*, Goldf. (*Cardiola retrostriata*, de Buch.) contiennent, outre ce fossile, le *Camarophoria subreniformis*, Schnur.

149. — Dans la tranchée au sud-ouest de la halte de Frasne-lez-Couvin, près du viaduc, on observe des schistes avec :

Cypridina.
Goniatites retrorsus, de Buch.
Cardium palmatum, Goldf.
Camarophoria subreniformis, Schnur.
Encrines.

150. — Les schistes à *Palmatum* qui existent dans la tranchée entre Frasne et Mariembourg, contiennent :

Cypridina.
Tentaculites.
Bactrites.
Goniatites retrorsus, de Buch.
Cardium palmatum, Goldf.
Camarophoria subreniformis, Schnur.

151. — En un point plus rapproché de Mariembourg, à environ 1700 mètres au sud de cette ville, les schistes à *Cardium palmatum*, Goldf., et *Goniatites*

retrorsus, de Buch, contiennent en outre *Cypridina, Camarophoria subreniformis,* Schnur, *Encrines.*

152. — A 400 mètres au sud de la station de Romerée on observe des schistes à *Palmatum* avec *Camarophoria subreniformis,* Schnur. et *Fenestella.*

153. — Les schistes à *Cardium palmatum,* Goldf., que l'on rencontre à Gimnée, près de la carrière de marbre rouge, renferment *Cypridina.*

154. — Dans la tranchée du chemin de fer au sud de Senzeille, en se dirigeant de l'ouest à l'est, on traverse d'abord environ 135 mètres de schistes appartenant à l'étage de Frasne et l'on arrive ensuite à quelques mètres de schistes noirs, très-feuilletés, contenant *Cardium palmatum,* Goldf.

155. — A 300 mètres au sud-ouest des carrières de marbre rouge de Saint-Remy-lez-Rochefort, les schistes à *Cardium palmatum,* Goldf., renferment en outre *Tentaculites, Bactrites, Cypridina.*

K. *Schistes de Famenne et des Isnes, Oligiste oolithique. Système condrusien quartzo-schisteux, partie schisteuse,* A. Dumont.

156. — Dans la tranchée à 200 mètres à l'est de la station de Lompret, on trouve dans les schistes : *Cyrtia Murchisoniana,* de Kon.

157. — Après avoir traversé dans la tranchée de Senzeille, en allant de l'ouest à l'est, environ 140 mètres de schistes de Frasne et de schistes à *Palmatum,* on rencontre, jusqu'à l'entrée du tunnel, des schistes de couleur variable appartenant aux schistes de Famenne. Ils renferment :

Orthoceras, sp.
Spirifer disjunctus, Murch.
Cyrtia Murchisoniana, de Kon.
Rhynchonella Omaliusi, Goss.
Rhynchonella, sp.
Camarophoria crenulata, Goss.
Orthis striatula, Schloth. sp.

158. — A 1600 mètres au sud-est de la station de Haversin, des schistes peu noduleux contiennent divers fossiles :

Spirifer disjunctus, Sow.
Cyrtia Murchisoniana, de Kon.
Rhynchonella Omaliusi? Goss.
Rhynchonella, sp.
Athyris concentrica, de Buch. sp.
Orthis striatula, Schloth., sp.

159. — On observe, dans la première tranchée au nord et à 1100 mètres de la station de Melreux ainsi qu'à l'extrémité de cette même tranchée, des schistes rougeâtres avec grands *Spirifer disjunctus,* Sow.

160. — A 500 mètres à l'ouest de Barvaux, au point de jonction de la nouvelle route de Durbuy avec l'ancienne, les schistes de Famenne présentent de gros échantillons de *Spirifer disjunctus,* Sow.

161. — Dans la troisième tranchée, en se dirigeant de Barvaux vers Melreux, on peut ramasser, surtout dans les énormes déblais de schistes qui proviennent de cette grande tranchée, de volumineux et remarquables échantillons de *Spirifer disjunctus,* Sow.

162. — Les schistes déblayés à 200 mètres au sud-est de Marche-les-Dames pour parvenir à l'oligiste, ont fourni en 1876, un certain nombre de fossiles, lors de l'excursion de la Société malacologique de Belgique [1].

Trilobites?
Cypridina, sp.
Orthoceras.
Gastéropodes.
Lamellibranches.
Avicula Bodana? Rœm.
Spirifer disjunctus, Sow.
Rhynchonella.
Athyris concentrica, de Buch. sp.
Lingula.
Tiges d'*encrines.*

163. — L'oligiste oolithique existe aux Isnes en couches subordonnées à des schistes bleu violacé, qui paraissent être l'équivalent des schistes de Famenne. Des tas assez considérables de débris de schiste et d'oligiste ont été amenés à la surface du sol et dans celui qui se trouve à 150 mètres au sud-ouest de l'église d'Isnes-Sauvages, on rencontre :

Avicula Bodana? Rœm.
Spirifer disjunctus, Sow.
Cyrtia Murchisoniana, de Kon.
Athyris concentrica, de Buch. sp.
Rhynchonella hexatoma? Schnur.
Traces de *Fucoïdes.*
Impressions rappelant les *Gyrolithes.*
» » *Bilobites.*

Le *Cyrtia Murchisoniana,* de Kon., établit la parenté avec les schistes de Famenne.

(1) A. Rutot, *Rapport sur l'excursion de la Société malacologique,* Annales de la Société malacologique de Belgique, t. XI, p. lxx.

164. — A Vezin, les oligistes oolithiques sont d'une teinte plus violacée qu'aux Isnes. Ils contiennent, ainsi que les schistes et psammites qui les accompagnent :

Spirifer disjunctus, Sow.
Cyrtia Murchisoniana, de Kon.
Athyris concentrica, de Buch. sp.
Rhynchonella hexatoma? Schnur.
Rhynchonella Dumonti, Goss.
Strophalosia productoides, Murch. sp.
Tiges d'*encrines*.

165. — Près d'Ahin, les oligistes exploités dans la minière du prince G. de Looz-Corswarem, renferment un certain nombre d'espèces (¹).

Orthoceras, sp.
Cyrtia Murchisoniana, de Kon.
Athyris concentrica, de Buch. sp.
Rhynchonella trigonalis, Goss.

166. — Les schistes passant aux psammites que l'on rencontre au point où la route allant vers Liége traverse à niveau le chemin de fer à 800 mètres au nord-ouest de la station de Huy, renferment :

Rhynchonella Dumonti? Goss.
» *trigonalis*, Goss.
Encrines.

167. — Les schistes que l'on observe à 1 kilomètre au nord-est d'Amay, contiennent :

Avicula, sp.
Spirifer disjunctus, Sow.
Rhynchonella hexatoma? Schnur.
Athyris concentrica, de Buch. sp.
Atrypa reticularis, L. sp.
Cyathophyllum.

168. — A Spixhe, à 1500 mètres au sud-est de Theux, les schistes voisins d'une recherche d'oligiste montrent les fossiles suivants :

Orthoceras, sp.
Spirifer disjunctus, Sow.
Athyris concentrica, de Buch. sp.
Orthis striatula, Schloth. sp.

(¹) Elles se trouvent dans la Collection du prince C. de Looz-Corswarem.

L. *Psammites du Condroz. Système condrusien quartzo-schisteux, partie quartzeuse,* A. Dumont.

169. — Les psammites du Condroz ont été exploités pour en faire des pavés à Isnes-Sauvages. Dans une carrière, actuellement remblayée, située à côté et au sud-ouest de l'église, j'ai rencontré :

Orthoceras planiseptatum, Sandb.
Evomphalus, sp.
Cucullæa Hardingii, Sow.
» *trapezium*, Phill.
Cucullæa amygdalina, Phill.
Spirifer disjunctus, Sow.
Productus prælongus, Sow.

170. — Dans la carrière du Baudet, à 800 mètres à l'est d'Isnes-Sauvages et dans d'autres qui en sont le prolongement, on trouve encore la plupart des mêmes espèces.

171. — On voit au bois de La Rocq, commune d'Arquennes, une carrière de psammite près de l'écluse n° 31. Ces roches contiennent d'abondants débris de végétaux et des dents de poissons. On y a rencontré :

Holoptychus nobilissimus, Ag.
Palæopteris hybernica, Sch., var. *min.*, Crép.
Calamites.
Empreintes végétales.

172. — A 400 mètres au sud-ouest du passage d'eau d'Ahin, les débris psammitiques répandus à la surface du sol, contiennent *Avicula* et *Rhynchonella.*

173. — Près de la chapelle de Notre-Dame de Bon-Secours, à 800 mètres au nord de Walcourt, on voit des psammites schistoïdes jaunâtre, où M. l'ingénieur Louis Bayet, de Walcourt, a rencontré une *Astérie* avec :

Avicula?
Spirifer disjunctus, Sow.
Tiges d'*encrines.*
Empreintes végétales.

CONSIDÉRATIONS FINALES

SUR

LES GÎTES FOSSILIFÈRES DEVONIENS.

J'ai fait connaître, successivement, des renseignements qui se rapportent à cent-soixante-treize gîtes ou points fossilifères devoniens, en suivant l'ordre chronologique des couches, depuis les plus anciennes du devonien inférieur jusqu'aux plus récentes du devonien supérieur. J'ai donc compris dans une même étude les divers points que j'ai observés et qui se rapportent à un même niveau. Cependant j'avoue qu'en procédant ainsi monographiquement, on sépare des points fossilifères très-rapprochés, que l'on réunit, au contraire, lorsque l'on adopte le système des coupes géologiques. La carte jointe au présent travail, diminue l'inconvénient dont je viens de parler. En effet, le terrain devonien y est distingué par une teinte spéciale pour chacun de ses étages inférieur, moyen et supérieur et des lettres caractéristiques y spécialisent, en outre, les divers niveaux.

Ce procédé figuratif permet de suivre les différentes bandes, de reconnaître la grande extension de certains fossiles et d'apprécier leur mode de répartition. En se dirigeant perpendiculairement aux bandes, on rentre aisément dans le système des coupes.

Je cite beaucoup moins d'espèces que n'en comportent les listes de fossiles caractéristiques données, dans les principaux ouvrages de géologie, pour les diverses assises devoniennes. Ces listes contiennent parfois tous les fossiles d'une assise, sans désignation exacte de l'endroit où ils ont été recueillis et souvent avec la seule mention : « environs de telle localité », désignation fort peu précise, car où s'arrêtent les environs d'une localité? Souvent encore ces listes renferment des fossiles qui appartiennent à des niveaux très-différents.

Voici quelques observations relatives à l'ordre suivi et aux gisements indiqués.

Pour le DEVONIEN INFÉRIEUR, je signale dans les *schistes fossilifères de Montrepuits* (¹), trois points (1, 2, 3) qui se rapportent à une même bande, à Macquenoise, au Pré-Brulard (Baileux) et au Mesnil. *Les grès d'Anor* ne m'ont fourni de traces de fossiles qu'aux environs de Couvin (4). Les quatorze points (5 à 18) signalés dans les *schistes et phyllades à Leptœna Murchisoni,* se rapportent à Amberloup, Houffalize, Laroche, Couvin, Pesch et Scloigne, localités de la partie nord-ouest du massif coblentzien de l'Ardenne de Dumont. *Les grès et schistes de Vireux* ont été explorés en trois points (19, 20, 21) aux environs de Marcourt; sept points (22 à 28), se rapportent au *poudingue de Burnot* et ont été relevés à Couvin, Forges, Masbourg, Lesterny et Grupont. Les *schistes à Spirifer cultrijugatus* ont fourni sept points (29 à 35), près de Couvin, Villers-la-Tour, Forges, Olloy, Mazée et Vierves, localités peu distantes les unes des autres et un huitième (36) à Neupont, éloigné des endroits précédents, mais qui fait néanmoins partie de la même bande.

Je considère comme DEVONIEN MOYEN les *schistes et calcaire de Couvin à calcéoles* et le *calcaire de Givet à strigocéphales.*

Adoptant l'opinion des géologues allemands et de feu d'Omalius d'Halloy, je place les *schistes et calcaire de Couvin* dans le devonien moyen, me séparant en cela de M. le professeur Gosselet, qui range ces couches dans le devonien inférieur. Toutefois je ne comprends dans le devonien moyen que les *schistes et calcaire de Couvin à calcéoles,* c'est-à-dire, la partie supérieure de l'étage eifelien quartzo-schisteux (E^2) de Dumont; tandis que d'après les géologues allemands et d'Omalius d'Halloy, cette division moyenne comprend également les *schistes à Spirifer cultrijugatus,* c'est-à-dire la partie inférieure de E^2 de Dumont. Les *schistes à Cultrijugatus*, que je laisse dans le devonien inférieur, me paraissent avoir un facies paléontologique tout à fait semblable à celui des autres niveaux du devonien inférieur. Les *schistes et calcaire de Couvin* offrent

(¹) M. Hébert, le savant professeur de la Sorbonne, a depuis longtemps appelé l'attention sur les fossiles de cette localité.

plutôt une faune de passage, se reliant par la base au devonien inférieur et par le sommet au devonien supérieur. M. Gosselet a, comme on le sait, fait observer que si l'on réunit le calcaire de Couvin à celui de Givet, il faut également y joindre celui de Frasne, comme l'a fait Dumont. Je répondrai à cette objection que Dumont n'a pas toujours eu égard au caractère paléontologique et que les considérations pétrographiques seules l'ont conduit à faire la réunion dont il vient d'être question. Il y a lieu, aujourd'hui, de tenir compte des différences de faune que présentent ces subdivisions géologiques.

En réunissant, dans le devonien moyen, le calcaire de Couvin et celui de Givet, on retranche un terme au devonien inférieur déjà si surchargé, et en outre, on retire de celui-ci tout le calcaire ou plutôt presque tout le calcaire, car l'on y observe encore, à Naux-sur-la-Semoy (France), quelques bancs de calcaire quartzifère, qui sont probablement les analogues de certains calcaires du devonien inférieur de la Bretagne et du département de la Mayenne.

Quoi qu'il en soit du groupement le plus convenable de ces *schistes et calcaire à calcéoles,* j'en cite vingt-six points fossilifères (37 à 62), dont quelques-uns dans les localités où des débris organiques n'avaient pas encore été signalés. Ils se rapportent à la bande qui longe au sud et au sud-est la bande méridionale du calcaire de Givet. J'ai recueilli des fossiles près de Couvin, Petigny, Nismes, Olloy, Mazée, Wellin, Halma, Chanly, Resteigne, Tellin, Bure, Jemelle et Hampteau.

Les douze points (63 à 74) du *calcaire à strigocéphales* observés à Couvin, Boussut-en-Fagne, Nismes, Dourbes, Forrières, Rochefort et Marche-en-Famenne, appartiennent à la bande méridionale; trois autres (75, 76, 77), à Mazy et Sombreffe font partie de la bande septentrionale.

C'est au DEVONIEN SUPÉRIEUR que se rapportent le plus grand nombre de renseignements donnés; j'y ai relevé quatre-vingt-seize gisements.

J'ai étudié par bassin les soixante-dix points rapporté à l'étage de Frasne, et dans chaque bassin, j'ai formé des groupes par rivages ou bords. Le *bord méridional* du BASSIN DE DINANT, comprend trente-cinq indications (78 à 112). Je renseigne quatre points de la zone à *Spirifer Orbelianus* (78 à 81) à Chimay, Boussut-en-Fagne, Nismes et Dourbes; trois dans la zone à *Receptaculites Neptuni* (82, 83, 84), à Chimay, Lompret et Boussut-en-Fagne; les autres gisements (85 à 112) sont rapportés à la zone des *schistes et calcaire de Frasne* proprement dits. Ceux de Couvin, Boussut-en-Fagne, Lompret, Gimnée, Franchimont, Merlemont, Sautour, Vodecée, Senzeille, Rochefort, Marche-en-Famenne, Melreux,

Durbuy, Barvaux, Remouchamps et Esneux, contiennent pour la plupart *Rhynchonella cuboides* ou les espèces qui accompagnent généralement ce fossile. Quant au *bord septentrional* du même BASSIN DE DINANT, trois points (113, 114, 115), Lustin, Berzée et Labuissière, présentent une faune un peu différente et leurs fossiles offrent beaucoup d'espèces identiques à celles du *bord méridional* du BASSIN DE NAMUR.

Le *bord septentrional* du BASSIN DE NAMUR, plus connu sous le nom de bande de Rhisne, possède une faune bien caractérisée dans les niveaux de Bovesse et de Rhisne. J'ai appelé l'attention (116 à 135) sur les gisements de Bovesse, Emines, Rhisne, Bossières, Mazy, Sombreffe, Hingeon, Lavoir, Huccorgne, Horrues, Écaussinnes et Feluy. On observe des fossiles dans le *bord méridional* (nos 136 à 147) à Dave, Wépion, Andenne, Statte, Huy, Engis, Chokier, Embourg et Forêt-sur-Vesdre.

En comparant les fossiles recueillis sur les bords nord du bassin de Dinant et sud du bassin de Namur, on constate une parfaite similitude de caractères entre les espèces qui peuplaient ces rivages. Les mers de Dinant et de Namur ont dû être en communication pendant le devonien supérieur; le soulèvement de la crête silurienne de Sambre et Meuse est venu les séparer plus ou moins complétement, après cette époque. Plusieurs points du rivage méridional du bassin de Namur possèdent des fossiles qui les identifient avec le rivage septentrional; mais, chose remarquable, quelques points présentent des fossiles qui n'existent pas dans le rivage septentrional et que l'on rencontre, au contraire, dans le bassin de Dinant, par exemple *Rhynchonella cuboides* à Engis et *Acervularia pentagona* à Embourg et à Engis, etc.

Les roches rouges de Mazy, les couches de Bovesse et les calcaires de Rhisne représentent-ils les divers *schistes et calcaire de Frasne?* En attendant que des observations nouvelles viennent éclaircir la question, on est réduit à se demander : Y a-t-il simplement équivalence? Y a-t-il lacune?

On trouve dans le bassin de Dinant, à Labuissière, au-dessus des calcaires exploités comme marbre Ste-Anne, des schistes renfermant *Spirifer Bouchardi*, et rappelant les couches de Bovesse. Aux environs de Givet, des schistes et calschistes renferment également des fossiles semblables à ceux que l'on trouve à Bovesse et à Rhisne.

A mon avis, M. le professeur Gosselet n'a peut-être pas attaché suffisamment d'importance aux calcaires magnésiens qui me paraissent jouer un certain rôle dans la constitution du massif de Philippeville. Ces dolomies pourraient bien être l'équivalent de celle de Bovesse. On les observe notamment dans la tranchée au nord-est du village de Merlemont, où elles sont largement exploitées pour fournir du ballast aux voies du Grand-Central.

Je crois utile de signaler ici que la dolomie de Bovesse renferme quelques traces organiques; j'y ai vu notamment des *Spirifer* en très-mauvais état. Jusque dans ces derniers temps, on n'avait pas rencontré de fossiles dans le marbre noir de Golzinne. M. Ch. de la Vallée Poussin m'y a signalé des *Lingula* que j'ai eu l'occasion de retrouver depuis; M. J. De Jaiffe m'a montré dans le même marbre des traces de brachiopodes. J'ai reconnu dans un morceau de marbre noir, que je crois provenir de Balâtre, un pygidium de *Bronteus*.

Les huit points (148 à 155), signalés dans les *schistes de Matagne à Cardium palmatum*, appartiennent au bord sud du bassin de Dinant : Boussut-en-Fagne, Frasne, Mariembourg, Romerée, Senzeille et Rochefort.

Les *schistes de Famenne* et *des Isnes* avec *oligiste oolithique* (n°s 156 à 168), appartiennent au bassin de Dinant : Lompret, Senzeille, Haversin, Melreux et Barvaux; à celui de Namur : Marches-les-Dames, les Isnes, Vezin, Ahin, Huy et Amay; et un point, Spixhe, à celui de Theux.

Quant aux *psammites du Condroz*, nous ne mentionnons que cinq gisements (169 à 173) : Isnes-Sauvages, Arquennes, Ahin et Walcourt.

LISTE ALPHABÉTIQUE DES LOCALITÉS

AVEC

INDICATION DES GISEMENTS SUIVANT L'ORDRE STRATIGRAPHIQUE.

LOCALITÉS.	NUMÉROS des planchettes [1].	DEVONIEN INFÉRIEUR.						DEVONIEN MOYEN.		DEVONIEN SUPÉRIEUR.			
		SCHISTES de Gedinne.	GRÈS D'ANOR.	SCHISTES etc., de Bouffaize.	GRÈS ET SCHISTES de Vireux.	POUDINGUE de Burnot.	SCHISTES à Sp. cultrijugatus.	SCHISTES et CALCAIRE à calcéoles.	CALCAIRE à strigocéphales.	SCHISTES et CALCAIRES de Frasne [2].	SCHISTES à Cordium palmatum.	SCHISTES de Famenne et des Isnes.	PSAMMITES du Condroz.
Ahin.	XLVIII / 3	. . .	. . .	. . .	. .	. .	. . .	. . .	. . .	. . .	. . .	165	172
Amay.	XLI / 7	. . .	. . .	. . .	. .	. .	. . .	. . .	. . .	. . .	. . .	167	
Amberloup	LX / 5	. . .	. . .	5									
Andenne	XLVIII / 2	. . .	. . .	. . .	. .	. .	. . .	. . .	. . .	140			
Arquennes	XXXIX / 6	. . .	. . .	. . .	. .	. .	. . .	. . .	. . .	. . .	. . .	. . .	171
Baileux.	LXII / 3	2											
Barvaux	LV / 1	. . .	. . .	. . .	. .	. .	. . .	. . .	. . .	110	. . .	160.161	
Berzée	LII / 3	. . .	. . .	. . .	. .	. .	. . .	. . .	. . .	114			
Bossières	XLVII / 2	. . .	. . .	. . .	. .	. .	. . .	. . .	. . .	122			
Bovesse	XLVII / 3	. . .	. . .	. . .	. .	. .	. . .	. . .	. . .	116.117			
Boussut-en-Fagne . . .	LVII / 8	. . .	. . .	. . .	. .	. .	. . .	. . .	65	79.84 86 87	148		
Bure	LIX / 7	. . .	. . .	. . .	. .	. .	. .	54					
Chanly	LIX / 6	. . .	. . .	. . .	. .	. .	. . .	57.58.59					
Cherain	LX / 4	. . .	. . .	6									
Chimay.	LVII / 6 et 7	. . .	. . .	. . .	. .	. .	. . .	. . .	. . .	78.82			

[1] Le *numéro d'une planchette est constitué par une expression fractionnaire, dont le numérateur, en chiffres romains, correspond au* numéro de la feuille de gravure dans la carte au 40,000e, et dont le numérateur, en chiffres arabes, indique le numéro de la planchette dans cette feuille de gravure. Chaque feuille de la carte au 40,000e comprend 8 planchettes ou feuilles de la carte au 20,000e.

[2] En y comprenant les schistes, dolomie et calcaire de Bovesse et le calcaire de Rhisne.

LOCALITÉS.	NUMÉROS des planchettes.	DEVONIEN INFÉRIEUR.						DEVONIEN MOYEN.		DEVONIEN SUPÉRIEUR.			
		SCHISTES de Gedinne.	GRÈS D'ANOR.	SCHISTES etc. de Houffalize.	GRÈS ET SCHISTES de Vireux	POUDINGUE de Burnot.	SCHISTES à *Sp. cultrijugatus*.	SCHISTES et CALCAIRE à calcéoles.	CALCAIRE à stringocéphales.	SCHISTES et CALCAIRES de Frasne.	SCHISTES à *Cardium palmatum*.	SCHISTES de Famenne et des Isnes.	PSAMMITES du Condroz.
Chokier	XLI/8	...	...	...	..	..	..	...	...	145			
Couvin	LVII/8	...	4	10.11 12	..	22	29	57.58.59 40.41	63.64	85			
Dave	XLVII/8	...	...	...	..	..	..	...	...	136.137 138			
Dourbes	LVIII/5	...	...	...	..	..	..	...	71	81			
Durbuy	LV/1	...	...	...	..	..	..	...	...	107.108 109			
Ecaussinnes-Lalaing	XXXIX/5	...	...	...	..	..	..	...	...	132			
Embourg	XLII/6	...	...	...	..	..	..	...	...	146			
Émines	XLVII/5	...	...	...	..	..	..	...	...	118.119			
Engis	XLI/8	...	...	...	..	..	..	...	...	144			
Esneux	XLIX/2	...	...	...	..	..	..	...	...	112			
Feluy	XXXIX/6	...	...	...	..	..	..	...	...	133.134 135			
Forêt-sur-Vesdre	XLII/7	...	...	...	..	..	..	...	...	147			
Forges	LVII/6 et 7	...	...	...	..	23	31.32						
Forrières	LIX/5	...	...	...	..	..	..	...	72				
Franchimont	LVIII/1	...	...	...	..	..	..	...	...	94.95.96			
Frasne-lez-Couvin	LVII/8	...	...	...	..	..	..	...	...	88.89	149.150		
Gimnée	LVIII/2	...	...	...	..	..	..	...	...	92.93	153		
Golzinne (Bossières)	XLVII/2	...	...	...	..	..	..	...	...	121			
Grupont	LIX/7	...	...	...	..	26.28							
Halma (Chanly)	LIX/6	...	...	...	..	..	..	60					

LOCALITÉS.	NUMÉROS des planchettes.	DEVONIEN INFÉRIEUR.						DEVONIEN MOYEN.		DEVONIEN SUPÉRIEUR.			
		SCHISTES de Gedinne.	GRÈS D'ANOR.	SCHISTES etc. de Houffalize.	GRÈS ET SCHISTES de Vireux.	POUDINGUE de Burnot.	SCHISTES à Sp. Cultrijugatus.	SCHISTES et CALCAIRE à calcéoles	CALCAIRE à stringocéphales.	SCHISTES et CALCAIRES de Frasne.	SCHISTES à Cardium palmatum.	SCHISTES de Famenne et des Isnes.	PSAMMITES du Condroz.
Hampteau.	LV/5	. . .	. . .	. . .	. .	. .	. .	62					
Haversin	LIV/6	. . .	. . .	. . .	. .	. .	. .	. . .	. . .	. . .	. . .	158	
Heer.	LVIII/3	. . .	. . .	. . .	. .	. .	. .	. . .	. . .	103			
Hingeon	XLVIII/1	. . .	. . .	. . .	. .	. .	. .	. . .	. . .	127			
Houffalize	LX/4	. . .	. . .	7.8.9									
Horrues	XXXVIII/8	. . .	. . .	. . .	. .	. .	. .	. . .	. . .	131			
Huccorgne	XLI/6	. . .	. . .	. . .	. .	. .	. .	. . .	. . .	129.130			
Huy	XLVIII/3	. . .	. . .	. . .	. .	. .	. .	. . .	. . .	142.143	. . .	166	
Isnes.	XLVII/2	. . .	. . .	. . .	. .	. .	. .	. . .	. . .	. . .	. . .	165	169 170
Jemelle.	LIX/5	. . .	. . .	. . .	. .	. .	. .	48.49.50 51.52.53					
Labuissière	LII/1	. . .	. . .	. . .	. .	. .	. .	. . .	. . .	113			
Laroche	LX/2	. . .	. . .	15.16 17.18									
Lavoir	XLI/6	. . .	. . .	. . .	. .	. .	. .	. . .	. . .	128			
Le Mesnil.	LVIII/6	3											
Lesterny	LIX/3	. . .	. . .	. . .	. .	27							
Lompret	LVII/7	. . .	. . .	. . .	. .	. .	. .	. . .	. . .	83.91	. . .	156	
Lustin	LIII/4	. . .	. . .	. . .	. .	. .	. .	. . .	. .	113			
Macquenoise.	LXII/1	1											
Marche-en-Famenne . .	LIV/7 et 8	. . .	. . .	. . .	. .	. .	. .	. . .	74	103			
Marche-les-Dames . . .	XLVII/4	. . .	. . .	. . .	. .	. .	. .	. . .	. . .	. . .	. . .	162	

LOCALITÉS.	NUMÉROS des planchettes	DEVONIEN INFÉRIEUR.						DEVONIEN MOYEN.		DEVONIEN SUPÉRIEUR.			
		SCHISTES de Gedinne.	GRÈS D'ANOR.	SCHISTES etc. de Houffalize.	GRÈS ET SCHISTES de Vireux.	POUDINGUE de Burnot.	SCHISTES à *Sp. cultrijugatus*.	SCHISTES et CALCAIRE à calceoles.	CALCAIRES à strigocéphales.	SCHISTES et CALCAIRES de Frasne.	SCHISTES à *Cardium palmatum*.	SCHISTES de Famenne et des Isnes.	PSAMMITES du Condros.
Marcourt	LV/5	. . .	. . .	. . .	19.20 21								
Mariembourg	LVII/8	. . .	. . .	. . .	. .	. .	. .	. . .	. . .	90	151		
Masbourg.	LIX/5	. . .	. . .	. . .	. .	24.25							
Mazée	LVIII/6	. . .	. . .	. . .	. .	. .	34	47					
Mazy.	XLVII/2	. . .	. . .	. . .	. .	. .	. .	. . .	76.77	123.124 125			
Merlemont	LVIII/1	. . .	. . .	. . .	. .	. .	. .	. . .	. . .	97			
Melreux	LV/1	. . .	. . .	. . .	. .	. .	. .	. . .	. . .	106	. . .	159	
Neupont	LIX/6	. . .	. . .	. . .	. .	. .	36						
Nismes.	LVIII/5	. . .	. . .	. . .	. .	. .	. .	45	66.67.68 69.70	80			
Olloy.	LVIII/5	. . .	. . .	. . .	. .	. .	33	46					
Pesche.	LVII/8	. . .	. . .	13									
Petigny.	LVIII/5	. . .	. . .	. . .	. .	. .	. .	42.43.44					
Remouchamps	XLIX/3	. . .	. . .	. . .	. .	. .	. .	. . .	. . .	111			
Resteigne	LIX/6	. . .	. . .	. . .	. .	. .	. .	56					
Rhisne.	XLVII/3	. . .	. . .	. . .	. .	. .	. .	.	. . .	120			
Rochefort.	LIX/3	. . .	. . .	. . .	. .	. .	. .	. . .	73	104	155		
Romerée	LVIII/2	. . .	. . .	. . .	. .	. .	. .	. . .	. . .	. . .	152		
Sautour	LVIII/1	. . .	. . .	. . .	. .	. .	. .	. . .	. . .	98.99			
Seloigne	LXII/2	. . .	. . .	14									
Senzeille	LVII/4	. . .	. . .	. . .	. .	. .	. .	. . .	. . .	101.102	154	157	

LOCALITÉS.	NUMÉROS des planchettes	DEVONIEN INFÉRIEUR.						DEVONIEN MOYEN.		DEVONIEN SUPÉRIEUR.			
		SCHISTES de Gedinne.	GRÈS D'ANOR.	SCHISTES etc. de Houffalize.	GRÈS ET SCHISTES de Vireux.	POUDINGUE de Burnot.	SCHISTES à Sp. cultrijugatus.	SCHISTES et CALCAIRE à calceoles.	CALCAIRE à strigocephales.	SCHISTES et CALCAIRES de Frasne.	SCHISTES à Cardium palmatum.	SCHISTES de Famenne et des Isnes.	PSAMMITES du Condros.
Sombreffe.	XLVII / 1	. . .	. . .	. . .	. .	. .	. .	. . .	75	120			
Statte(Huy)	XLVIII / 3	. . .	. . .	. . .	. .	. .	. .	. . .	. . .	141			
Tellin	LIX / 7	. . .	. . .	. . .	. .	. .	. .	55					
Theux	XLIX / 4	. . .	. . .	. . .	. .	. .	. .	. . .	. . .	. . .	. . .	168	
Vezin	XLVIII / 1	. . .	. . .	. . .	. .	. .	. .	. . .	. . .	. .	. . .	164	
Vierves.	LVIII / 5	. . .	. . .	. . .	. .	. .	35						
Villers-la-Tour	LVII / 6	. . .	. . .	. . .	. .	. .	30						
Vodecée	LVIII / 1	. . .	. . .	. . .	. .	. .	. .	. . .	. . .	100			
Walcourt	LII / 8	. . .	. . .	. . .	. .	. .	. .	. . .	. . .	. . .	. . .	. . .	173
Wellin	LIX / 6	. . .	. . .	. . .	. .	. .	. .	61					
Wépion.	XLVII / 7	. . .	. . .	. . .	. .	. .	. .	. . .	. . .	139			

DESCRIPTION

DE

QUELQUES AFFLEUREMENTS DU TERRAIN CRÉTACÉ.

Les recherches que j'ai faites pour l'étude du massif silurien du Brabant et quelques excursions dans le terrain devonien voisin, m'ont fourni divers renseignements relatifs au terrain crétacé. Je les crois utiles pour le levé de la carte géologique et surtout comme matériaux pour servir à l'étude monographique du crétacé. Je les réunis sous le titre de description de quelques affleurements du terrain crétacé, quoiqu'il y ait, en outre, des renseignements d'autre nature se rapportant au même terrain.

Depuis la mort d'André Dumont, on a retiré du terrain crétacé le système heersien qui fait actuellement partie du paléocène ou éocène inférieur. Le terrain crétacé du Hainaut a été le sujet des belles études stratigraphiques et paléontologiques de MM. F. Cornet et A. Briart.

Le terrain crétacé présente en Belgique deux massifs : celui du Hainaut, qui est le prolongement du grand massif du bassin de Paris, et celui du Limbourg, qui s'étend aux environs de Maestricht et se rencontre dans diverses parties des provinces de Liége et de Limbourg.

L'existence de traces ou de lambeaux de terrain crétacé, entre ces deux massifs, est une preuve que la mer crétacée eut une extension plus grande en Belgique que celle où se trouvent actuellement ses puissants dépôts. Les roches et les fossiles que l'on rencontre aux environs de Lonzée, de Hingeon, de Seron, etc., nous montrent les épaves du crétacé qui devait relier les massifs du Hainant et du Limbourg. Une grande dénudation a dû enlever les parties les moins denses de ce terrain crétacé et n'a guère laissé, comme trace de son existence, que des roches glauconieuses et des silex.

Lonzée est, jusqu'à présent, un des points les plus riches en fossiles. Il est très-probable que les diverses traces de roches glauconieuses que l'on observe dans les fissures du calcaire à Rhisne et dans d'autres localités, notamment près des Isnes, se rattachent au terrain crétacé.

L'existence de fossiles, même en mauvais état, permet d'établir la connexion de quelques points crétacés du nord-est de la province de Namur. Les caractères lithologiques font espérer que l'on pourra y rattacher d'autres roches, également glauconieuses, où l'on n'a pas encore trouvé de restes organiques.

Les observations que j'ai faites se rapportent aux localités suivantes :

1° Lonzée, planchettes $\frac{XL}{6}$ et $\frac{LXVII}{2}$ (1).

2° Gembloux, $\frac{XL}{6}$

3° Hingeon, Vezin, Ville-en-Waret, $\frac{XLVII}{4}$ et $\frac{XLVIII}{1}$.

4° Seron (dépendance de Forville) $\frac{XL}{8}$ et $\frac{XLI}{5}$.

5° Wavre, $\frac{XL}{1}$

(1) Voir, pour ce qui se rapporte à l'indication des numéros des planchettes de la carte, la note (1), page 50.

I. — LONZÉE.

En 1864, je fis connaître le lambeau crétacé de Lonzée [1] et je donnai la iste des fossiles recueillis. Les observations que j'ai faites depuis cette époque, m'ont amené à donner un peu plus d'extension à ce lambeau, mais n'ont guère enrichi ou modifié la liste des fossiles.

Le terrain crétacé forme, sur la rive droite de l'Harton ou ruisseau de Lonzée, une bande dirigée du sud-ouest ou nord-est, d'un peu plus de 2 kilomètres de longueur, soit d'environ 2400 mètres. Cette bande a été constatée entre le ruisseau et le chemin qui lui est parallèle et qui traverse le village dans toute sa longueur. Le point le plus occidental où l'on rencontre le terrain crétacé est à 100 mètres à l'ouest du viaduc du chemin de fer sur ce chemin de Lonzée. On y a extrait autrefois de la terre verte dans une fouille actuellement remblayée. A 50 mètres au nord-ouest du viaduc, on observe des silex noirs. Le point le plus oriental se trouve à l'extrémité du village, à proximité des lieux dits *les Sept Voleurs* et *la Taille Collin* [2].

A certaines époques de l'année, principalement vers mars et septembre, on retire une terre verte ou glauconie argileuse de différents trous ou fosses, souvent temporaires, situés entre ces deux points extrêmes. Cette terre est employée, telle qu'elle est extraite, comme matière colorante verte pour donner un blanc verdâtre mélangé à la chaux. On la coupe également en parallélipipèdes qui sont envoyés à Grez-Doiceau, où ils subissent une certaine préparation qui les débarrasse des matières étrangères, débris de coquilles, etc., et qui permet de les utiliser comme matière colorante.

Cette glauconie argileuse est de couleur vert foncé Elle est onctueuse au toucher, lorsqu'elle est fraîche et happe à la langue, lorsqu'elle est sèche; elle fait, dans les acides, une légère effervescence qui paraît due aux débris coquilliers qu'elle renferme.

La glauconie argileuse, qui représente ici le terrain crétacé, remplit les dépressions du terrain silurien altéré. Sa puissance, variable de $0^m,20$ à $0^m,60$, atteint rarement $0^m,80$. Elle repose sur des roches siluriennes transformées par altération

(1) *Note sur le terrain crétacé de Lonzée*, BULL. DE L'ACADÉMIE ROYALE DE BELGIQUE, 2e série, t. XVIII, p. 317.

(2) J'ai observé récemment des traces du même terrain sur la rive gauche de l'Harton, à environ 1500 mètres au sud-est de Lonzée. On a trouvé des roches glauconieuses dans les travaux exécutés pour drainer une prairie.

en une argile blanchâtre qui renferme des fragments schisteux et de nombreux cristaux de pyrite passant, pour la plupart, à la limonite épigène. L'altération a pénétré à près d'un mètre.

La roche glauconieuse renferme beaucoup de fossiles. J'en donne la liste plus loin. Les fossiles sont ordinairement fragmentés, comme roulés; ils ont été dégradés par des lithophages, etc. La partie inférieure, épaisse d'environ 0^m,02, est plus sableuse; elle renferme de grandes huîtres du type de l'*Ostrea diluviana*, L., et qui rappellent également l'*Ostrea Carantonensis*, d'Orb., *O. Milletiana*, d'Orb., *O. Santonensis*, d'Orb. On y trouve aussi *Spondylus striatus*, Goldf. et quelques fragments de *Belemnitella vera*, d'Orb. La glauconie argileuse présente vers le milieu une zone de 0^m,02 à 0^m,04 de débris coquilliers appartenant surtout au genre *Janira* ou *Vola*. Au-dessous de cette zone, la terre verte est fort argileuse; au-dessus, elle devient un peu sableuse et renferme, à la partie supérieure, une petite couche coquillière dans laquelle domine *Ostrea semiplana*, Sow., avec *Inoceramus Cuvieri*, d'Orb. On y trouve aussi *Belemnitella quadrata*, d'Orb. Des dents de poissons appartenant à différents genres sont disséminées dans toute la masse, ainsi que divers débris coquilliers et quelques grains de quartz pisaires.

Le tout est terminé par un faible dépôt de silex noirâtres, en morceaux de la grosseur du poing.

Au-dessus commence le système bruxellien, formé à sa base, de sables glauconifères passant à un sable jaunâtre à grès fistuleux.

Vient ensuite un faible dépôt caillouteux quaternaire, puis le limon et enfin la terre végétale.

Voici les épaisseurs de ces différentes couches dans trois extractions de terre verte, à peu près aux deux points extrêmes et vers le milieu du lambeau :

Terre végétale.	0^m,25 *a* [1]	0^m,25 *b*	0^m,25 *c*
Limon	1^m,50	1^m,60	3^m,20
Dépôt caillouteux. . . .	0^m,20	0^m,10	0^m,25
Sable bruxellien	0^m,70	2^m,20	1^m,00
Silex	0^m,10	0^m,10	quelques silex.
Terre verte.	0^m,50	0^m,70	0^m,60
Silurien altéré.	»	»	»

On voit que la terre verte se trouve à une profondeur de 2 à 4 mètres.

(1) *a* chez M. Debled, *b* chez M. Dricot, *c* chez M. Bodine.

L'ensemble des caractères lithologiques et paléontologiques me fait rapporter la glauconie argileuse de Lonzée au système hervien de Dumont. On verra par l'extrait cité plus loin que c'était l'opinion de l'éminent stratigraphe.

Quant aux silex qui surmontent cette glauconie, ils me paraissent attester une dénudation de la craie blanche dont ils sont les représentants.

En 1864 ([1]), j'ai donné la liste suivante des fossiles de Lonzée :

REPTILES.

Dents de *Mosasaurus*.

POISSONS.

Dents de :

Ptychodus polygyrus, Ag.
Corax falcatus, Ag.
» *pristodontus*, Ag.
Oxyrhina Mantelli, Ag.
Lamna acuminata, Ag.
» *raphiodon*, Ag.
Otodus appendiculatus, Ag.
Vertèbres indéterminées.

CÉPHALOPODES.

Belemnitella quadrata, d'Orb.
» *vera*, d'Orb.

GASTÉROPODES.

Turritella, sp., moule intérieur.

LAMELLIBRANCHES.

Inoceramus Cuvieri, d'Orb.
Janira striatocostata, Goldf.
» *quadricostata*, d'Orb.
Spondylus striatus, Goldf.
Ostrea Carantonensis, d'Orb.
» *haliotidea*, Sow.
» *Santonensis*, d'Orb.
» *semiplana*, Sow,
» *conica*, Sow.
» *lateralis*, Nills.
» sp.
» sp.

Cette liste s'est peu enrichie depuis 1864; citons : *Ptychodus mamillaris*, Ag., et un *Ichthyodorulithe*, provenant de la collection de feu H. Lehon, actuellement au Musée royal d'histoire naturelle. J'ai trouvé récemment une mâchoire de poisson et une plaque vertébrale d'*Emys*.

Il y a quelques modifications à apporter dans le nom de certaines espèces du genre *Ostrea*, par suite de la découverte d'échantillons plus complets.

Ostrea laciniata, Sow. devient : *Ostrea conica*, Sow.

Ostrea diluviana, L. remplace : *O. Carantonensis*, d'Orb. et *O. Santonensis*, d'Orb.

([1]) *Loc. cit.*, pp. 318 et 319.

Le tome I « Terrain crétacé » des mémoires préparés par feu André Dumont, nous apprend que ce savant connaissait l'existence du lambeau de Lonzée, qu'il plaçait dans le hervien.

Nous y trouvons, en effet, page 424 [1] :

« *Glauconie argileuse.* Elle est formée de nombreux grains moyens ou fins de » glauconie, réunis avec quelques grains de quartz par une argile verte glauco- » nieuse; elle est terreuse, un peu grenue, à cassure inégale, d'un beau vert ou » d'un vert jaunâtre sale d'un aspect terne, ne se polit pas dans la coupure, se » coupe aisément, un peu plastique, ne fait pas effervescence, se désagrége rapi- » dement dans l'eau qu'elle colore en beau vert.

» Elle renferme quelques cailloux pisaires de quartz hyalin.

« *Localité :* Trieu-Ausquet, près de Gembloux, employée pour faire de la » couleur verte. »

Une autre indication se trouvait annotée dans les Mémoires sur les terrains tertiaires :

« *Terre verte crétacée* [2]. A $^1/_2$ lieue au sud-est de Gembloux, on voit à la » limite du terrain rhénan un peu de terre verte ainsi qu'un peu de gravier. »

II. — GEMBLOUX.

J'ai observé en différents points à Gembloux des silex crétacés noirs qui me paraissent se rattacher aux silex que l'on rencontre à Lonzée au-dessus de la terre verte. Ils reposent sur les schistes siluriens et sont recouverts de sables tertiaires bruxelliens. Les anfractuosités de ces silex renferment souvent des traces de sables argileux glauconifères, parfois transformés en sables ferrugineux jaunâtres. J'ai observé ces silex :

1° A 400 mètres à l'est de l'église de Gembloux, lors du creusement du puits de la brasserie de M. G. Docq; ils se trouvent à environ 9 mètres de profondeur.

(1) *Mémoires sur les terrains crétacé et tertiaires préparés par feu* André Dumont *pour servir à la description de la carte géologique de la Belgique,* édités par M. Mourlon, t. I. *Terrain crétacé,* Bruxelles, 1878.

(2) La carte minute au 20,000e de Dumont porte, sous le n° 4061, la mention « sable vert ». Ce point, situé au sud du Trieu-Ausquet, est le point le plus occidental où l'on ait extrait de la terre verte.

2° Au sud-est de la place Saint-Guibert, les mêmes silex ont été rencontrés dans des circonstances analogues dans le puits de M. De Smet.

3° A 1 kilomètre au sud de Gembloux, dans la tranchée du chemin de fer d'Athus, et à 50 mètres au nord-est du pont de la Rochette, on observe sur une longueur d'environ 30 mètres, une couche de silex de $0^m,80$ de puissance qui reposent sur des schistes siluriens altérés et sont recouverts par des sables bruxelliens.

4° Aux Essarts, à 1500 mètres au sud-est de Gembloux, on trouve des silex noirs à la surface du sol.

Je considère ces silex noirs, de même que ceux de Lonzée, comme les témoins d'une dénudation de la craie.

III. — HINGEON, VEZIN, VILLE-EN-WARET.

M. E. Gonthier a publié, en 1867, une note très-intéressante sur le terrain crétacé des environs de Vezin (¹). Voici ce qu'il dit à ce sujet :

1° « Un dépôt crétacé se trouve à l'est de la ferme de Houssoy :

» On ne l'aperçoit pas au jour, mais un puits (²), creusé en cet endroit, a traversé :

» 1° Limon hesbayen et argile sableuse avec quartz. Épaisseur . . .	$0^m,70$
» 2° Argiles chloritées	$1^m,50$
» 3° Grès chlorité et conglomérat fossilifère	$0^m,18$
» 4° Argiles chloritées	$1^m,05$
» 5° Grès et psammites.	$0^m,15$
» 6° Argiles chloritées	$0^m,66$
» 7° Smectique jaune brun	$2^m,66$
» 8° Dolomie assise I	»

« Dans les couches 3 et 6 on trouve :

» *Janira quadricostata* (très-abondante) et d'autres fossiles dont la détermination a été impossible. *Ostrea hyppopodium?* »

(¹) E. Gonthier, *Note sur deux lambeaux du terrain crétacé dans la province de Namur* (Bulletin de l'Académie royale de Belgique, 2ᵉ série, t. XXIII, pp. 403, 411, 412, 413). Bruxelles, 1867.

(²) Puits que M. Gonthier avait fait ouvrir dans le but d'y étudier le crétacé.

» Ces couches sont disposées presque horizontalement dans une petite dépres-
» sion provenant du mouvement de bascule fait par les roches anciennes. La
» mer crétacée devait s'étendre sur tout le plateau de Ville-en-Waret, Houssoy,
» Somme et partie de Hingeon, car on y trouve des silex blonds de la craie et
» des plaques de 5 à 10 centimètres d'épaisseur de grès chlorités et de conglo-
» mérat fossilifère, mélangés à des sables et à des galets de quartz. »

2° « A 600 mètres au sud-ouest de Hingeon on trouve, à peu près dans la
» direction d'une faille, des argiles bleuâtres et verdâtres avec des grès contenant
» des empreintes de fossiles des poudingues et calcaires rouges de Mazy, et
» d'autres avec des fossiles crétacés. C'est donc un terrain remanié. »

3° « Au sud de la nouvelle église de Ville-en-Waret, dans le bois des Maçons,
» formant le versant sud du second bassin, une fouille a mis à jour les mêmes
» argiles remaniées et mélangées au limon hesbayen. »

M. Gonthier rapporte au hervien de Dumont ces différents points.

M. Gonthier a eu l'obligeance de m'indiquer d'une façon précise la position de ces divers points sur la carte au 20,000e.

Il m'a en outre donné les renseignements inédits suivants :

« Au point situé au sud de la nouvelle église de Ville-en-Waret, au pied du bois de la Sarte, des fouilles m'ont fait découvrir le Greensand. »

4° « A environ 800 mètres au nord-est de Ville-en-Waret, sur la crête de partage, se trouvent en grand nombre des grès chlorités et des plaques de conglomérats fossilifères. »

« Entre les points indiqués, se trouvent de nombreux amas de sable et l'on rencontre fréquemment à la surface, des silex crétacés. »

5° Dumont indique sur ses cartes minutes au 20,000e et dans ses notes de voyage, un point de crétacé près de Houssoy différent de celui où M. Gonthier a creusé un puits. « 8116. Houssoy. Un peu plus loin au nord-nord-ouest, du Greensand, puis du sable. En avançant encore dans la même direction, le sol est couvert. »

6° Sous le n° 8273, Dumont renseigne « un point d'argile glauconifère crétacée. » Il se trouve au sud-ouest d'Hingeon et à peu près au sud du 2e indiqué par M. Gonthier.

Il résulte de cet exposé que Dumont et M. Gonthier ont observé des traces de crétacé, chacun en des points différents d'une même région.

Au sud-ouest d'Hingeon et des points 2e et 6e cités précédemment, on voit différentes carrières du devonien supérieur, dites de Mochenaire. C'est dans une de celles-ci que MM. Ph. et A. Lambotte ont trouvé autrefois une tête de *Palœdaphus* que M. le professeur P. van Beneden a décrite sous le nom de *P. devoniensis*.

7° La carrière la plus occidentale est située à 1800 mètres au sud-ouest d'Hingeon, sur la rive droite du ruisseau d'Hingeon, près du pont où passe la route de Franc-Waret à Vezin et Sclaigneaux. On observe dans la partie nord de cette carrière, actuellement abandonnée, au-dessus des couches de calcaire, des roches crétacées; mais le tout est recouvert de nombreux débris et de végétation, qui ne permettent pas d'en constater la position. Ces restes crétacés sont des grès peu glauconifères ou des grès ferrugineux qui proviennent de l'altération des précédents. J'y ai constaté : *Janira quadricostata*, Sow., sp., et *Ostrea*, sp. Traces de Gastéropodes et de Lamellibranches (1).

8° En reprenant la route vers Belaire et Vezin, on trouve, à 300 mètres à l'est du point précédent, une carrière actuellement exploitée. Au sud de celle-ci les couches de calcaire fortement ravinées, présentent des anfractuosités et des fissures remplies de diverses roches que l'on peut rapporter au crétacé (2). Une de ces poches présente à la base du sable argileux blanchâtre avec gravier. A la partie supérieure, on trouve une argile glauconieuse dans laquelle on observe des plaques de grès glauconifère avec traces de fossiles. J'y ai reconnu :

Belemnitella (traces).

Janira quadricostata, Sow., sp.

Ostrea, sp., analogue à celle désignée par M. Edm. Gonthier à Houssoy sous le nom de *O. hippopodium*, Nilss.

D'autres traces de Lamellibranches, etc., indéterminables.

Je rapporte au hervien les lambeaux de Lonzée, Hingeon, Vezin, etc.

(1) MM. Ph. et A. Lambotte ont recueilli dans cette carrière, lorsqu'elle était exploitée, des fossiles crétacés en assez bon état.

(2) M. G. Hock, *Sur l'extension du terrain crétacé dans l'est de la province de Namur*, ANNALES DE LA SOC. GÉOLOGIQUE DE BELGIQUE, tome sixième, p. LXXV, séance du 16 mars 1879, donne des détails sur ce point. Il y signale, en outre : *Turritella? Pectunculus, Cucullæa glabra? Dosinia lenticularis.* Il indique également un Gyrolithe, à l'ouest de Seilles, à 400 mètres environ au sud de la ferme de Loyse.

IV. — SERON.

En septembre 1876, je visitai, en compagnie de M. le comte G. de Looz, les grès exploités à l'ouest de Seron, commune de Forville, le long du ruisseau, entre cette localité et la ferme Montigny. Après quelques recherches, nous avons rencontré des traces de fossiles crétacés. J'ai eu, à différentes reprises, l'occasion de vérifier les mêmes faits. Voici les diverses espèces que M. le comte G. de Looz et moi y avons rencontrées :

Traces de vertébré : *Chélonien?* ou *Poisson?*
Belemnitella mucronata? Schloth. sp.
Ostrea, sp.
Janira quadricostata, Sow. sp.
Pecten lævis, Nilss.
Pecten, sp. et diverses traces de *Lamellibranches*.
Magas pumilus? Sow.
Ananchytes (fragments).
Spatangus (fragments).

Les cartes géologiques au 160,000e indiquent du bruxellien à Seron.

Sur la carte minute au 20,000e de Dumont, des grès tertiaires sont indiqués entre Seron et Hemptinne.

D'autre part, on trouve, dans les notes de voyage de notre illustre maître les renseignements suivants :

« Lundi 22 juin 1840. 3869. De Wasseige à Hemptinne, limon.

» Cependant avant d'arriver au ruisseau on trouve beaucoup de silex, ce qui » dénote la présence du calcaire de Maestricht, mais il ne se rencontre nulle part » au jour.

» 3870. Au sud-ouest de Hemptinne on trouve aussi des silex et du calcaire à » une vingtaine de pieds de profondeur.

» 3871. Les grès situés sur les rives de la Seron sont toujours hypothétiques. » Au-dessus on trouve une couche de silex d'environ 1 mètre d'épaisseur. La » pierre qui a une structure fragmentaire, sans apparence de stratification, a de » 3 à 4 mètres de puissance. On trouve du sable en dessous. »

Dumont dit encore :

« 1203. A 100 mètres de l'intersection de la Soile et du ruisseau de Hevermont on voit du schiste ardoise.

» 1204. Il y a depuis ce point jusqu'au confluent des rivières de Hevermont et » de Seron des grès tertiaires.

» 1205. Ce grès se tient sur la rive droite. On en trouve des deux côtés de la » rivière jusqu'au chemin de Hemptinne à Seron.

» Le château de Seron est sur le grès.

» Ce grès est presque compacte, il passe presque au silex et forme une masse » fragmentaire au-dessous de laquelle on trouve un sable jaune-brunâtre argilo- » ferrugineux. »

Ces grès sont bien définis par Dumont; ils sont très-fissurés; de teinte blanchâtre, prenant une teinte jaune brunâtre. Ils sont parsemés de points noirâtres. Il est assez difficile de dire leur inclinaison réelle, elle parait être au nord-est. Ils ont environ 4 mètres de puissance. Ils reposent sur des sables, comme l'a très-bien observé Dumont.

En dessous de ceux-ci on voit, en un point, des schistes siluriens.

Ces grès s'observent entre Seron et la ferme Montigny, sur la rive droite du ruisseau de Seron; on y voit, sur une longueur d'environ 1300 mètres, de nombreuses excavations d'où l'on extrait pour la réparation des routes un grès qui passe souvent à un silex blond.

Des roches analogues, sinon identiques, avec silex dominant, se voient à l'ouest et au sud-ouest de Hemptinne; mais je n'y ai pas rencontré de fossiles.

A quel système faut-il rattacher les grès de Seron?

Les silex blonds auxquels passent les roches et les divers fossiles qu'on y rencontre, montrent de grandes analogies avec le système maestrichtien. Aussi c'est à ce système que je les rapporte.

V. — WAVRE.

D'après des renseignements de M. P. Francotte, professeur à l'École moyenne d'Andenne, MM. Brossart ont exploité autrefois de la craie par puits, à Wavre, à l'endroit nommé « au Haut du Sablon », au point où la route de Wavre à Perwez et à Huy se sépare de la route de Wavre à Namur. On en a fait de la chaux.

Je me suis rendu à Wavre et j'ai visité l'endroit précité. Les renseignements que j'y ai recueillis ont confirmé ceux qui m'avaient été donnés.

J'ai trouvé dans les débris tirés lors du creusement d'un puits à 125 mètres au nord-ouest du point précédent des roches glauconifères landeniennes.

On sait que Wavre se trouve à peu de distance de Grez-Doiceau. Dans cette dernière localité existe un lambeau de terrain crétacé. Si des recherches ultérieures démontraient la présence du même terrain à Wavre, il est probable que ce ne serait que la continuation de celui de Grez-Doiceau.

Je n'ai d'autre but en publiant ces données que d'appeler l'attention sur un point où la présence ou l'absence du terrain crétacé pourra être démontrée, soit lors du creusement d'un puits, soit au moyen de sondages.

TABLE DES MATIÈRES.

MINISTÈRE DE L'INTÉRIEUR
COMMISSION DE LA CARTE GÉOLOGIQUE.

CARTE
de gîtes fossilifères devoniens et d'affleure[ments]
PAR C. MALAISE

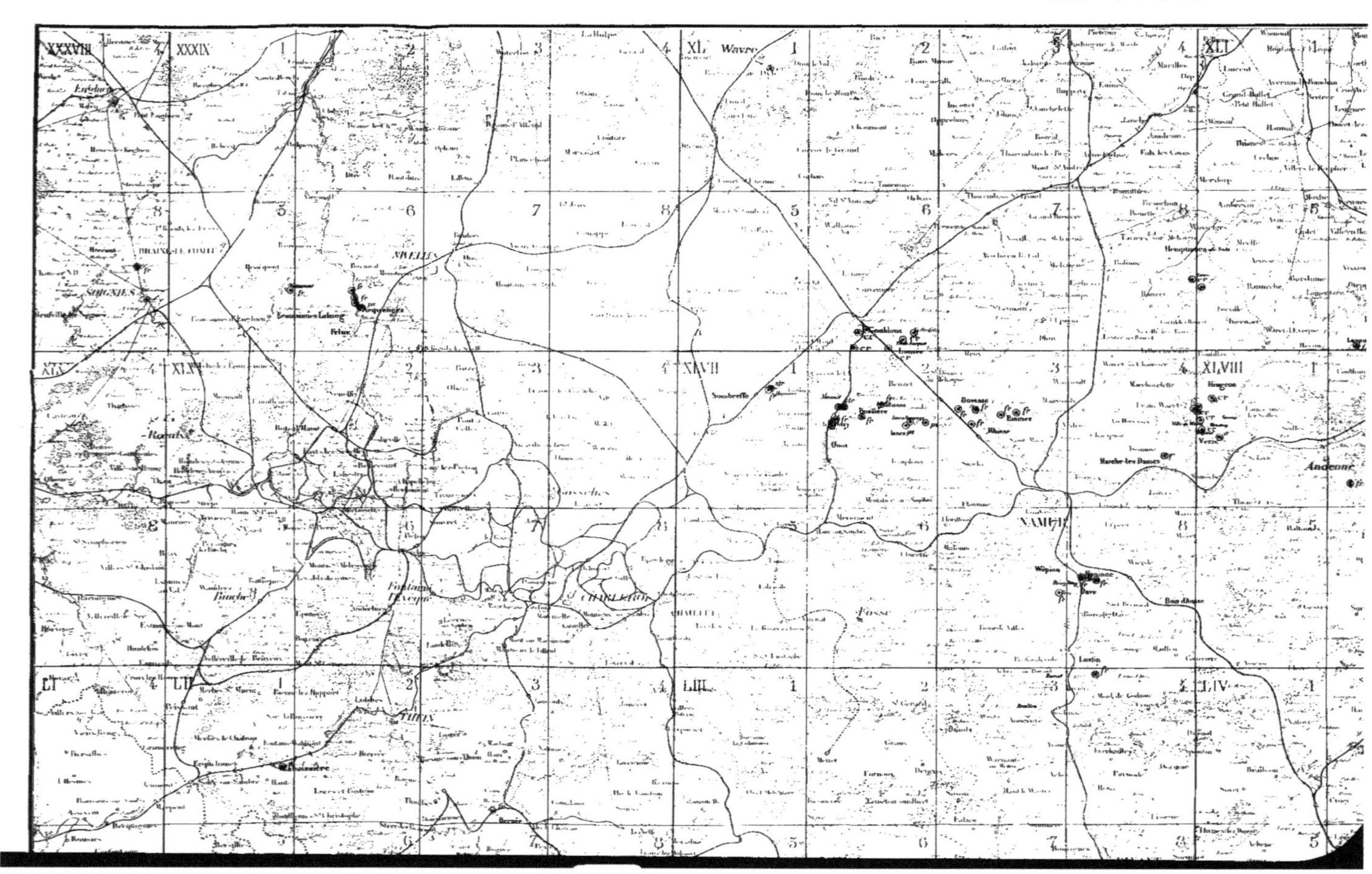

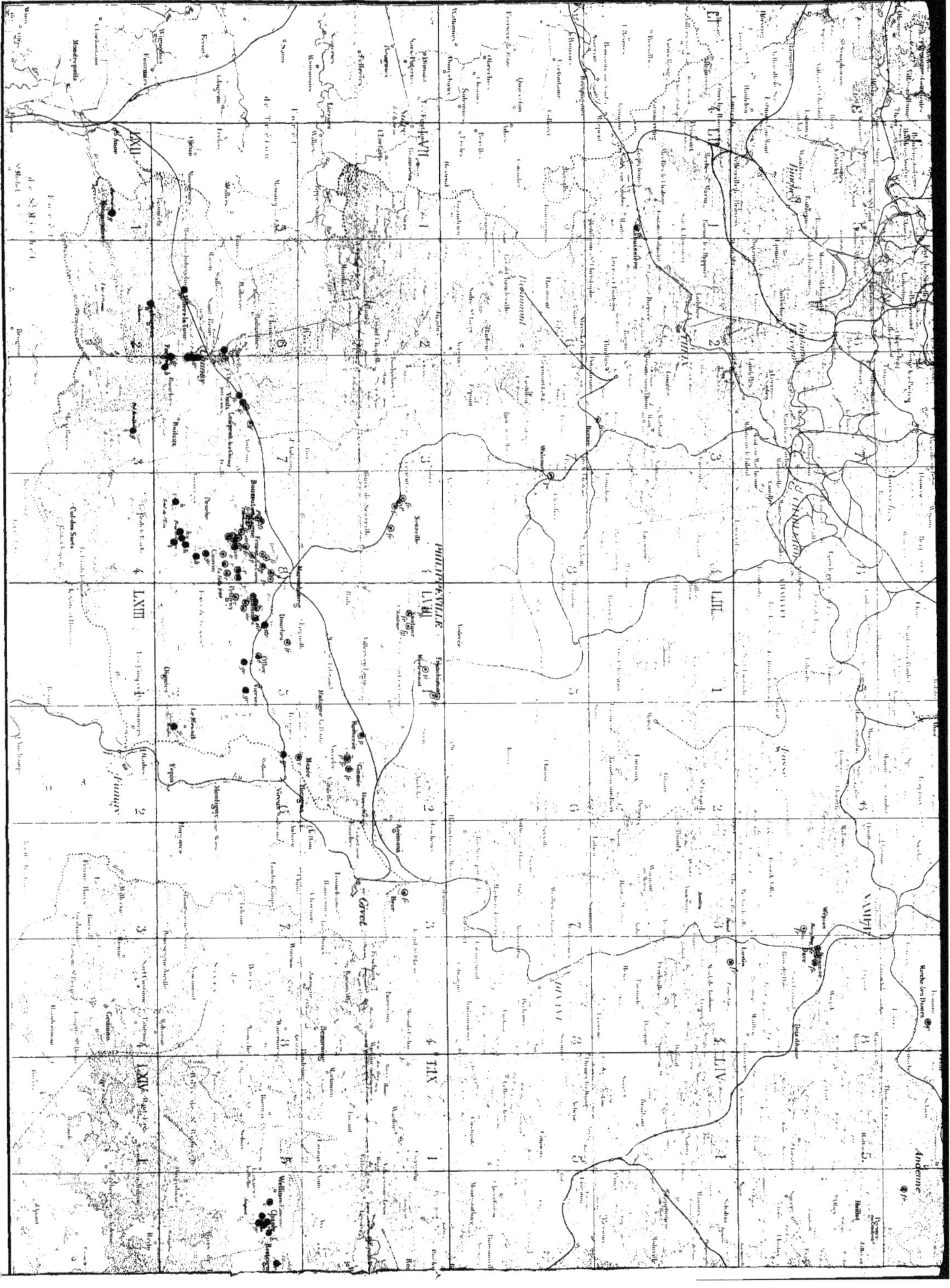

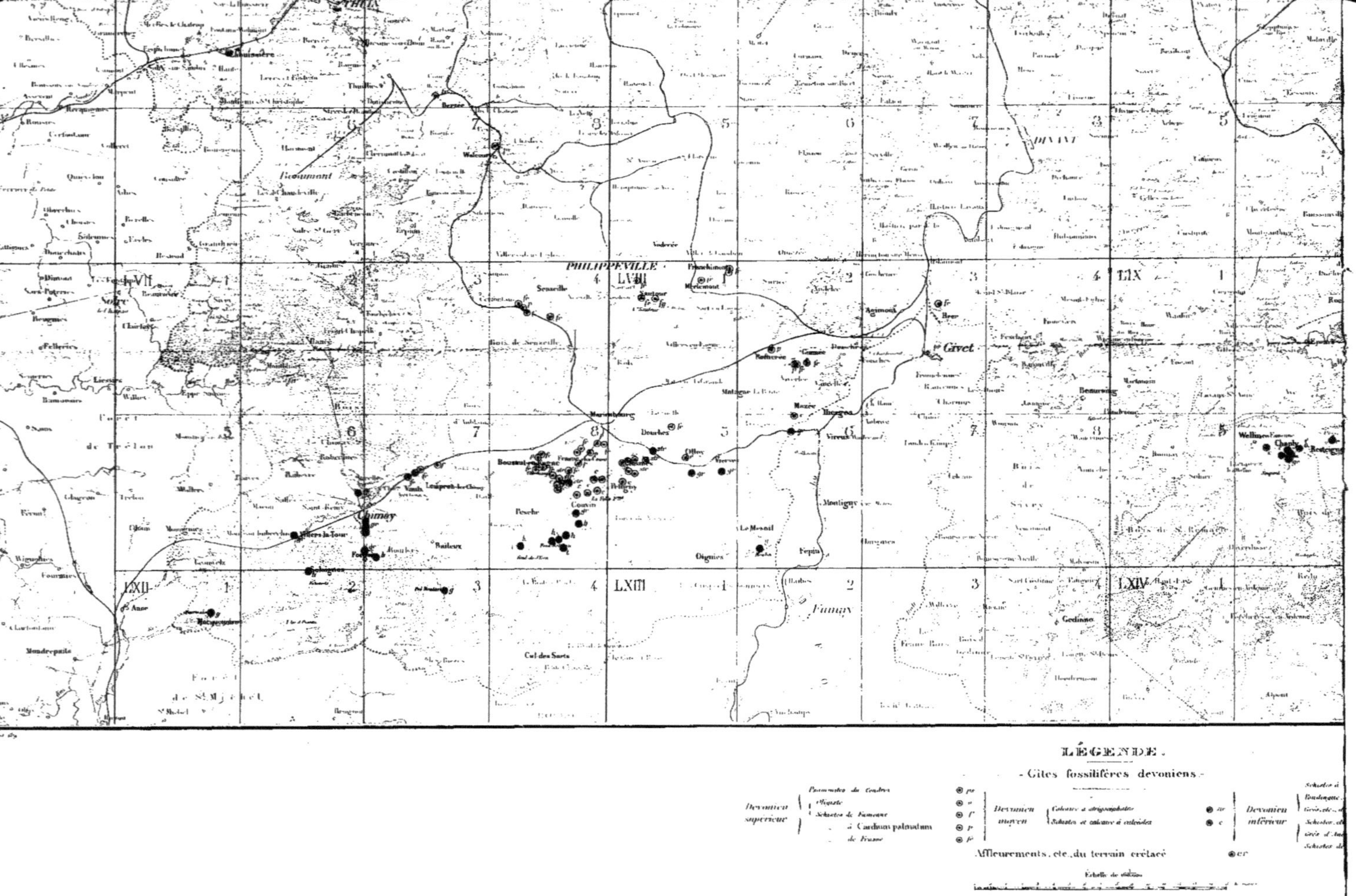

PHILIPPEVILLE
Chimay
Givet
Beaumont
Fumay
DINANT
Couvin
Mariembourg
Villers-la-Tour
Gedinne
Senzeille
Cul-des-Sarts
Le Mesnil
Oignies
Montigny
LVII
LVIII
LIX
LXII
LXIII
LXIV
LÉGENDE.
- Gîtes fossilifères devoniens. -
Devonien supérieur
Schistes de Famenne
à Cardium palmatum
de Frasne
Devonien moyen
Schistes et calcaire à calcéoles
Devonien inférieur
Affleurements, etc., du terrain crétacé

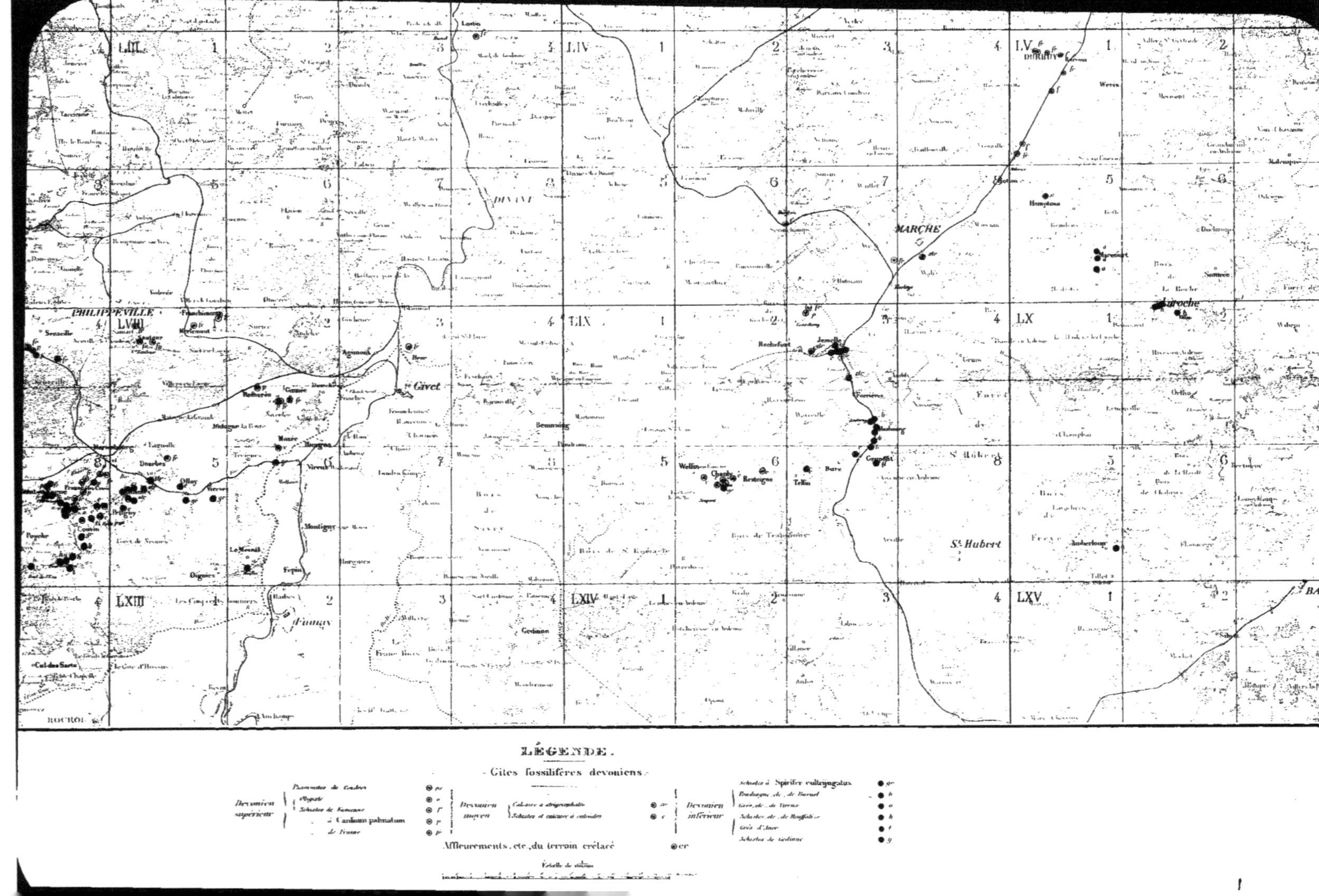
LÉGENDE.
Gites fossilifères devoniens.
Devonien supérieur
Psammites du Condroz
Schistes de Famenne
à Cardium palmatum
de Frasne
Devonien moyen
Calcaire à stringocephales
Schistes et calcaire à calceoles
Devonien inférieur
Schistes à Spirifer cultrijugatus
Poudingue, etc., de Burnot
Grès, etc., de Vireux
Schistes, etc., de Houffalize
Grès d'Anor
Schistes de Gedinne
Affleurements, etc., du terrain crétacé
PHILIPPEVILLE
Givet
MARCHE
St Hubert
Laroche
ROCROI
Rochefort
Jemelle
Wellin
Gedinne
Couvin
Durbuy
Hampteau
Marcourt
Beauraing
Tellin
LIII
LIV
LV
LVIII
LIX
LX
LXIII
LXIV
LXV

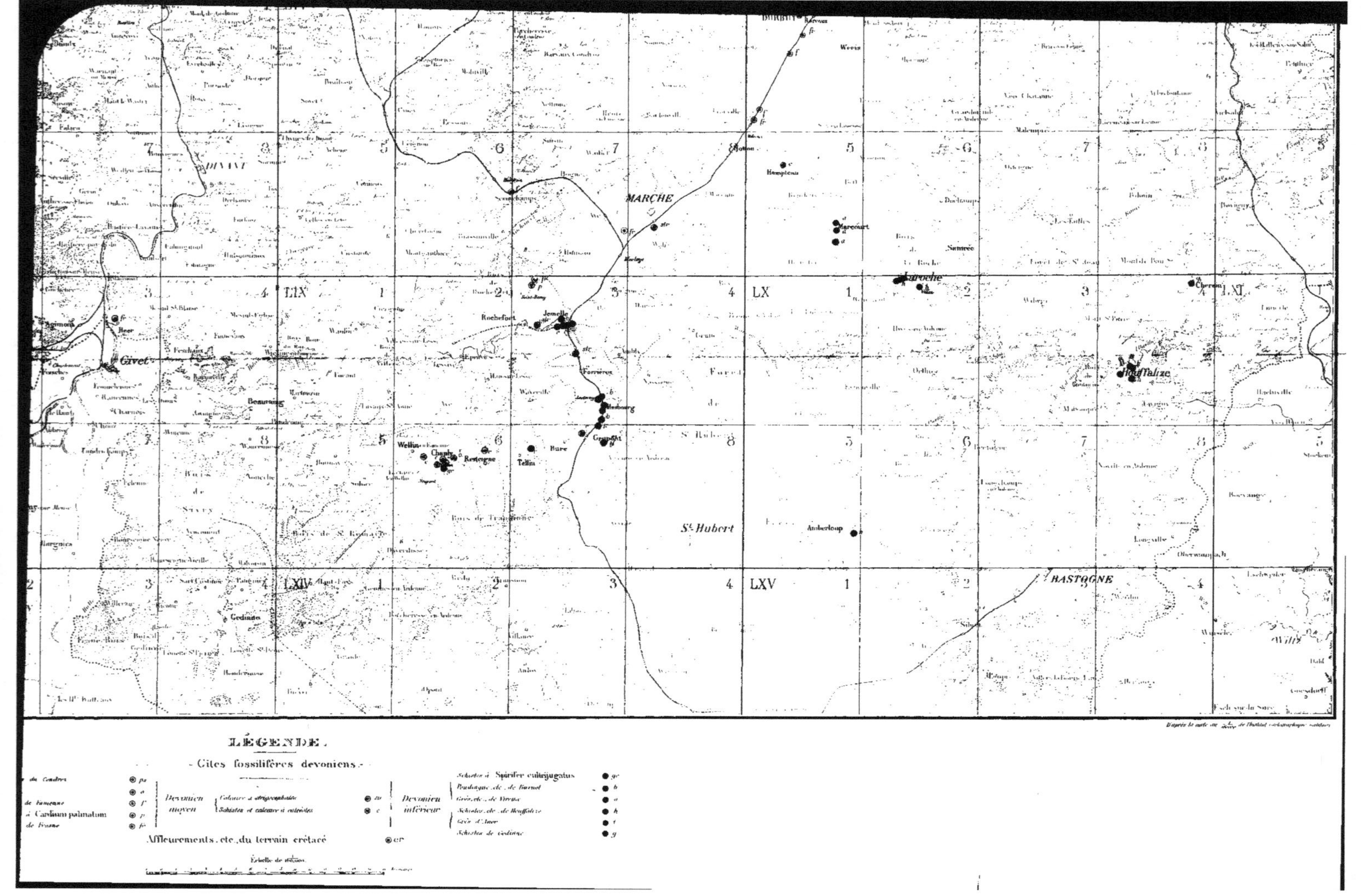

DINANT
Givet
MARCHE
DURBUY
Rochefort
Jemelle
Forrières
Wellin
Chanly
Resteigne
Tellin
Bure
Beauraing
St Hubert
Amberloup
Hampteau
Marcourt
Laroche
Samrée
Houffalize
BASTOGNE
Gedinne
Wiltz
LIX
LX
LXI
LXIV
LXV
LÉGENDE.
- Gîtes fossilifères devoniens. -
du Condroz
de Famenne
à Cardium palmatum
de Frasne
Devonien moyen
Calcaire à stringocephales
Schistes et calcaire à calcéoles
Devonien inférieur
Schistes à Spirifer cultrijugatus
Poudingue, etc., de Burnot
Grès, etc., de Vireux
Schistes, etc., de Houffalize
Grès d'Anor
Schistes de Gedinne
Affleurements, etc., du terrain crétacé
Échelle de $\frac{1}{160\,000}$

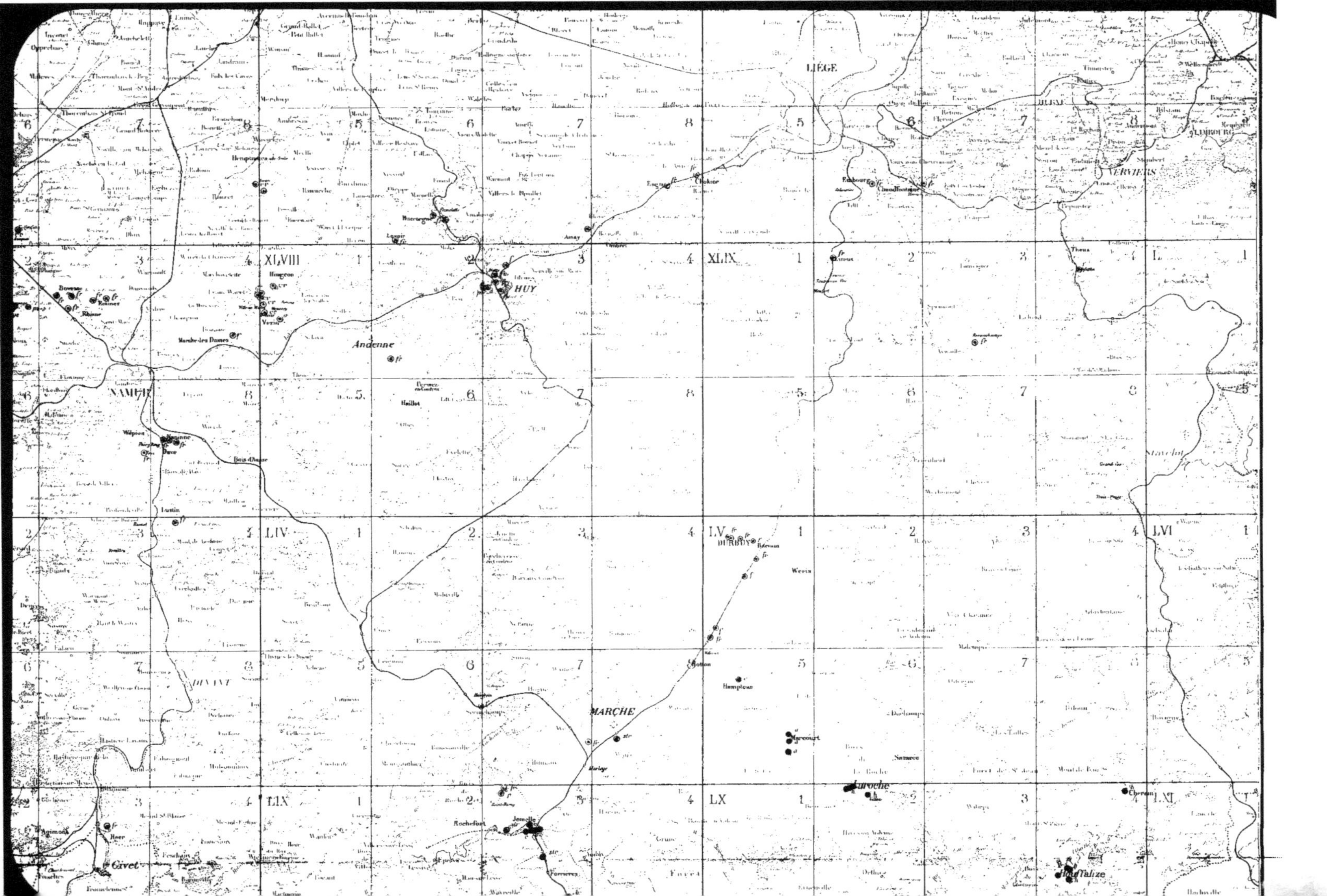

LIÈGE
VERVIERS
LIMBOURG
HUY
Andenne
NAMUR
DINANT
MARCHE
DURBUY
Rochefort
Givet
Stavelot
Laroche
Houffalize
XLVIII
XLIX
L
LIV
LV
LVI
LIX
LX
LXI

CARTE

…res devoniens et d'affleurements du terrain crétacé

PAR C. MALAISE.

INSTITUT CARTOGRAPHIQUE MILITAIRE

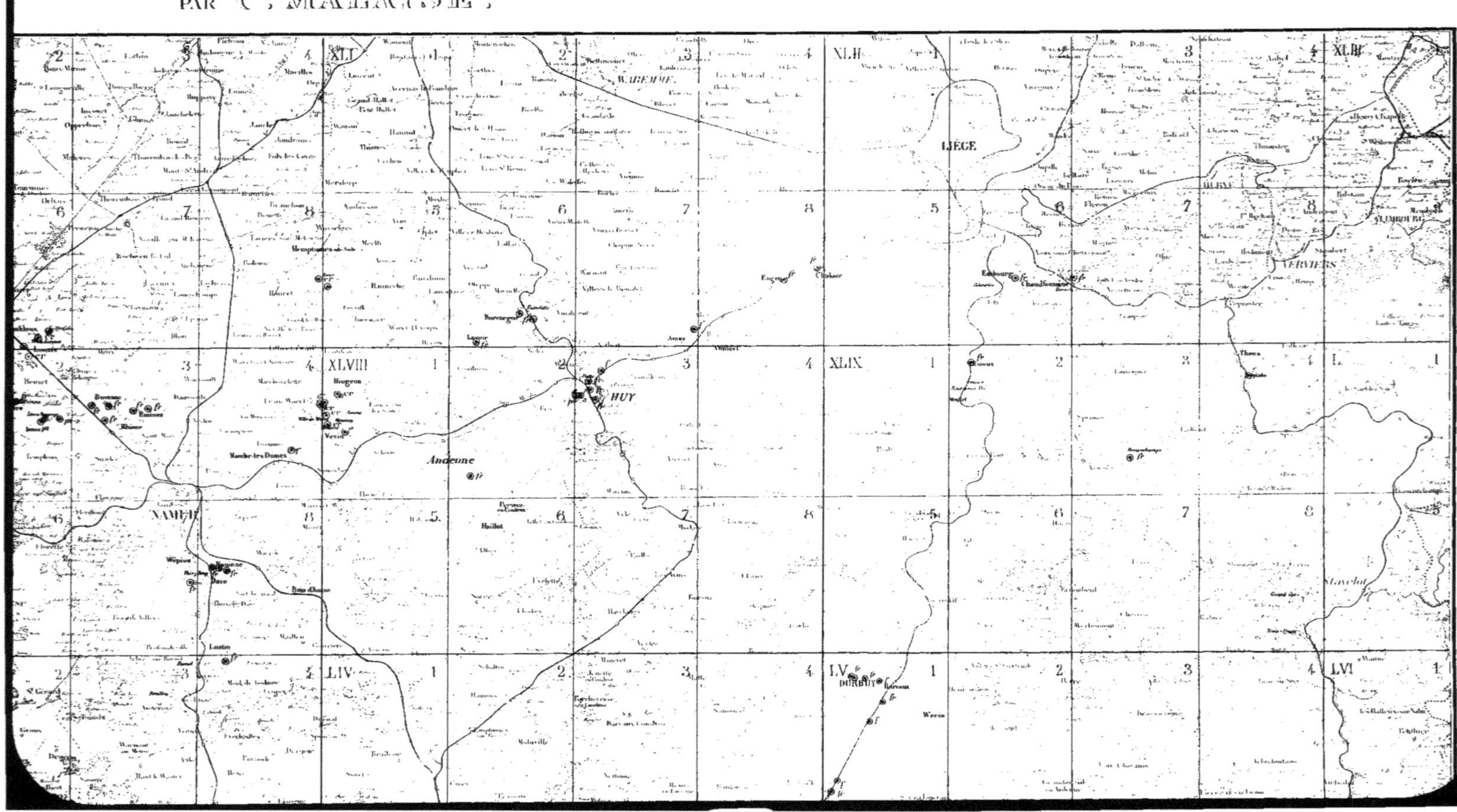

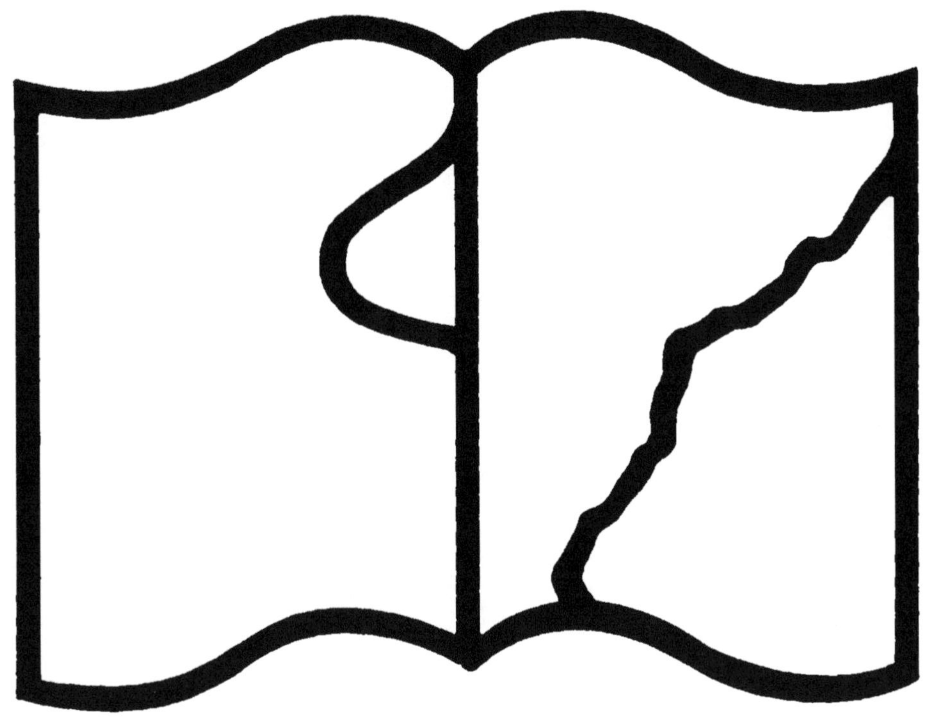

Texte détérioré — reliure défectueuse

NF Z 43-120-11

www.ingramcontent.com/pod-product-compliance
Ingram Content Group UK Ltd.
Pitfield, Milton Keynes, MK11 3LW, UK
UKHW022130190726
13855UKWH00003B/1093

9 782013 468060